MySQL
是怎样使用的
——快速入门 MySQL

小孩子 4919 著

人民邮电出版社

北京

图书在版编目（CIP）数据

MySQL是怎样使用的：快速入门MySQL / 小孩子4919
著. -- 北京：人民邮电出版社，2021.12
ISBN 978-7-115-57496-1

Ⅰ. ①M… Ⅱ. ①小… Ⅲ. ①关系数据库系统 Ⅳ.
①TP311.138

中国版本图书馆CIP数据核字(2021)第196694号

内 容 提 要

本书采用通俗易懂的表达方式，对如何使用 MySQL 进行了详细的介绍。

本书完全从零基础用户的角度出发，依照用户认知习惯，从 MySQL 的安装开始，介绍了 MySQL 的服务器程序和客户端程序的使用、MySQL 的数据类型、数据库和表的基本操作、列的属性、MySQL 中的表达式和函数、简单和复杂的增删改查语句等入门知识，还介绍了视图、存储程序、备份与恢复、用户与权限管理等高级概念以及使用 Java 语言连接 MySQL 服务器等知识。

本书较好地契合了 MySQL 初学人员的学习曲线，内容深入浅出，通俗易懂，可帮助初学人员迅速入门 MySQL。

◆ 著　　　　小孩子 4919
　　责任编辑　傅道坤
　　责任印制　王　郁　焦志炜
◆ 人民邮电出版社出版发行　　北京市丰台区成寿寺路 11 号
　　邮编 100164　电子邮件 315@ptpress.com.cn
　　网址 https://www.ptpress.com.cn
　　固安县铭成印刷有限公司印刷
◆ 开本：787×1092　1/16
　　印张：14.25　　　　　　　　2021 年 12 月第 1 版
　　字数：343 千字　　　　　　 2024 年 8 月河北第 5 次印刷

定价：59.90 元

读者服务热线：(010)81055410　印装质量热线：(010)81055316
反盗版热线：(010)81055315
广告经营许可证：京东市监广登字 20170147 号

前　言

MySQL 官方宣称 MySQL 是世界上最流行的开源数据库，虽然不是很清楚有没有违反广告法，但在越来越多的开发人员面试中（尤其是各种互联网公司的面试），它已经成为一个躲不掉的主题。

本书面向从未接触过 MySQL，或者之前使用过 MySQL 但有些生疏的入门小伙伴。即使你不是程序员，只要懂得如何安装和打开软件，那么这本书也可以看得懂。如果看不懂，可以来找"小孩子"（也就是作者）。本书从 MySQL 的安装开始，介绍如何使用 MySQL 实现增删改查功能，然后介绍了诸如存储程序、备份与恢复、用户与权限以及使用应用程序与 MySQL 进行通信等稍微高级一丢丢的主题。

本书致力于给各位小伙伴带来一个良好的阅读体验，为此做了以下几个方面的努力：

- 尽量避免使用没学过的概念去介绍新概念；
- 采用大白话书写，就像是有个人在跟大家唠嗑一样；
- 穿插了很多小贴士，用于提醒超纲内容和注意事项；
- 尽量展现一些细节，以减少阅读过程中带来的困惑；
- 针对语言难以表达的地方画了一些图。

需要提醒大家的一点是，这是一本 MySQL 入门图书，并不包含诸如索引结构、查询优化、事务和锁等 MySQL 高级主题。如果大家需要了解这些高级内容，可以参考"小孩子"的另一本书《MySQL 是怎样运行的：从根儿上理解 MySQL》。另外，为了让大家在最短的时间内入门 MySQL，本书只挑选最核心的 MySQL 语法进行介绍，并不会方方面面都涉及，有需要参考完整语法的小伙伴，一定要参考 MySQL 的官方文档哦。

这是一本从零开始介绍 MySQL 语法的入门图书，虽然"小孩子"用了各种手段让入门的过程更加轻松，但仍然不能避免有一部分小伙伴在阅读过程中会产生这样或那样的问题。如果大家在阅读本书的过程中遇到了什么不得解的困惑，请使用微信扫描下方二维码联系"小孩子"。我将手动将大家拉到微信答疑群中，然后大家在答疑群中提问即可（人数较多的微信群只能通过手动拉入）。另外，请大家在答疑群中提问，而不是直接私信，一对一答疑对"小孩子"的负担还是很大的。

小贴士

如果扫码添加不成功，可以手动添加微信号：xiaohaizi4920。如果还是添加不成功，还可以关注"我们都是小青蛙"公众号，并从中获取进入答疑群的方式。另外，由于平时比较忙，所以可能回复不及时，望见谅。

这里特别提醒一下，需要提问的同学一定要先搞清楚自己到底哪里不清楚，然后用通顺的语句把它表达出来。以往很多同学的问题要么是含糊不清，要么是表达不通顺，这样的问题真的是让人看了要发疯。所以为了我们双方的方便，请在提问前先认真思考一下。另外，我只负责回答关于本书的问题，其他问题请和其他同学讨论吧（一是作者很可能也不会，二是作者精力实在有限，望见谅）。

哇唔！看到这里，大家有没有觉得"小孩子"好善良呢？买书还附赠答疑解惑服务。当然没有这么单纯，"小孩子"建立答疑群其实有两个目的：

- 对于读者来说，可以解决在学习过程中的疑惑，让读者从中受益；
- 对于作者来说，可以为自己写作的图书营造一个好的口碑，以后再写别的图书也好卖一些（是的，"小孩子"专门辞了职，要写一大堆 IT 技术图书），作者也可以从中受益。

图书勘误信息会放在"小孩子"的公众号"我们都是小青蛙"中，输入"勘误"即可获取。该公众号也会不定期地发布一些原创的技术文章，偶尔也会"扯扯犊子"，希望能对大家有帮助。

"我们都是小青蛙"公众号

最后，祝大家看得开心，也能从技术书中找到乐趣。

资源与支持

提交勘误

作者和编辑尽最大努力来确保书中内容的准确性，但难免会存在疏漏。欢迎您将发现的问题反馈给我们，帮助我们提升图书的质量。

当您发现错误时，请登录异步社区，按书名搜索，进入本书页面，单击"提交勘误"，输入勘误信息，单击"提交"按钮即可。本书的作者和编辑会对您提交的勘误进行审核，确认并接受后，您将获赠异步社区的 100 积分。积分可用于在异步社区兑换优惠券、样书或奖品。

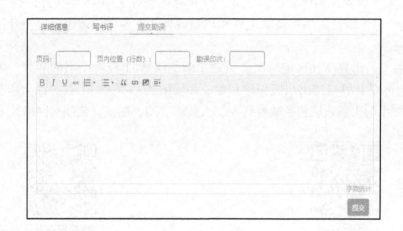

扫码关注本书

扫描下方二维码，您将会在异步社区微信服务号中看到本书信息及相关的服务提示。

与我们联系

我们的联系邮箱是 fudaokun@epubit.com.cn。

如果您对本书有任何疑问或建议，请您发邮件给我们，并请在邮件标题中注明本书书名，以便我们更高效地做出反馈。

如果您有兴趣出版图书、录制教学视频，或者参与图书翻译、技术审校等工作，可以发邮件给我们；有意出版图书的作者也可以联系我们。

如果您所在的学校、培训机构或企业，想批量购买本书或异步社区出版的其他图书，也可以发邮件给我们。

如果您在网上发现有针对异步社区出品图书的各种形式的盗版行为，包括对图书全部或部分内容的非授权传播，请您将怀疑有侵权行为的链接发邮件给我们。您的这一举动是对作者权益的保护，也是我们持续为您提供有价值的内容的动力之源。

关于异步社区和异步图书

"**异步社区**"是人民邮电出版社旗下 IT 专业图书社区，致力于出版精品 IT 技术图书和相关学习产品，为作译者提供优质出版服务。异步社区创办于 2015 年 8 月，提供大量精品 IT 技术图书和电子书，以及高品质技术文章和视频课程。更多详情请访问异步社区官网 https://www.epubit.com。

"**异步图书**"是由异步社区编辑团队策划出版的精品 IT 专业图书的品牌，依托于人民邮电出版社近 30 年的计算机图书出版积累和专业编辑团队，相关图书在封面上印有异步图书的LOGO。异步图书的出版领域包括软件开发、大数据、AI、测试、前端、网络技术等。

异步社区

微信服务号

目　录

第1章　MySQL 概述与安装

1.1　存储数据方式演变

从古至今人们都有存储数据的需求，比方说账目收支记录、货物盘点清单、人口数据统计等，存储数据的方式也一直在变化。

- 人工管理阶段

  在很久很久以前，人们把数据刻在动物骨头上，后来写到竹片上，再后来写到纸上，直到近代人们把数据记录到留声机碟片、磁带上，数据存储的形式才发生了较大的变化。不过这些都是依赖人工进行整理、保存和查询的，特点就是效率低下、错误率高、查找不方便等。

- 文件系统阶段

  后来人们发明了计算机。为了管理各种数据，人们又发明了一种名为文件系统的东西。计算机程序可以通过文件在文件系统中的存储路径来修改和读取各种文件，这可比人工管理轻松多了。

- 数据库阶段

  随着文件中存储的内容越来越多，在文件中修改和查找某些数据也变得越来越困难。所以人们发明了一种专门的软件来管理存储的数据，这个管理数据的软件名为数据库管理系统（Database Management System，DBMS）。数据依照一定的格式保存到DBMS 中，人们通过这个软件方便地对数据进行增删改查操作，这极大地提升了数据管理效率。

1.2　MySQL 简介

1.2.1　关系型数据库管理系统

我们平时经常会使用表格来存放信息，比如下面的表 1.1 和表 1.2 就存放着学生的一些基本信息和他们各个科目的考试成绩。

表 1.1 学生基本信息表

学号	姓名	性别	身份证号	学院	专业	入学时间
20210101	狗哥	男	158177200301044792	计算机学院	计算机科学与工程	2021-09-01
20210102	猫爷	男	151008200201178529	计算机学院	计算机科学与工程	2021-09-01
20210103	艾希	女	17156320010116959X	计算机学院	软件工程	2021-09-01
20210104	亚索	男	141992200201078600	计算机学院	软件工程	2021-09-01
20210105	莫甘娜	女	181048200008156368	航天学院	飞行器设计	2021-09-01
20210106	赵信	男	197995200201078445	航天学院	电子信息	2021-09-01

表 1.2 学生成绩表

学号	科目	成绩
20210101	计算机是怎样运行的	78
20210101	MySQL 是怎样运行的	88
20210102	计算机是怎样运行的	100
20210102	MySQL 是怎样运行的	98
20210103	计算机是怎样运行的	59
20210103	MySQL 是怎样运行的	61
20210104	计算机是怎样运行的	55
20210104	MySQL 是怎样运行的	46

如果我们想查找猫爷的"MySQL 是怎样运行的"科目的考试成绩,该怎么办呢?很简单,两步就可以实现。

1. 先通过学生基本信息表(见表 1.1)查找到猫爷的学号是 20210102。
2. 再到学生成绩表(见表 1.2)中找到学号为 20210102、科目是"MySQL 是怎样运行的"的成绩,可以看到成绩为 98。

表格也简称为表,它是由若干行组成的,每一行又可以包含若干列。有一种类型的数据库管理系统就是通过将数据组织成表的格式来管理数据,而且不同的表可以通过某种关系联系起来(在上例中,学生成绩表通过学号与学生基本信息表联系起来),我们把这种数据库管理系统称为关系型数据库管理系统,本书的主角儿 MySQL 就是一种关系型数据库管理系统。

1.2.2 MySQL 的优势

关系型数据库管理系统有好多种,比方说甲骨文的 Oracle、IBM 的 DB2、微软的 SQL Server、开源的 PostgreSQL 和 MySQL;等等等等。不过我们今天讨论的主角儿是 MySQL,我们瞅瞅它有什么特点。

- 免费

  就是不要钱(与之相对的是,有很多数据库管理系统都是要用真金白银买的哦)。

- 开源

  MySQL 的代码是公开的，这可以让广大程序员去了解它的实现原理。大家在通过源代码了解它的实现原理的同时，也喜欢给它挑 bug，于是设计 MySQL 的大叔可以很快地把这些 bug 修复好。这也让 MySQL 更加稳定（不那么容易在运行时出错）。

　　　　我们可以从 GitHub 上获取 MySQL 的源代码，地址为 https://github.com/mysql/mysql-server。

- 跨平台

  MySQL 可以运行在各种主流的操作系统上，比如各种 UNIX 系统、Windows 系统啥的。
- 很牛

  它的性能还是比较好的，不然就没人用啦。

1.3　MySQL 的安装、启动和关闭

1.3.1　MySQL 的安装

说到底，MySQL 其实就是个软件，我们要想使用它，首先得把它装到自己的计算机上。当然，如果你的计算机上已经安装了 MySQL，则可以跳过这一节。

MySQL 的安装方式有很多，不同操作系统的安装细节也有不同。这里以 Windows 系统为例（本书使用的是 Windows 10），看一下如何使用 MySQL Installer 进行安装。

　　　　MySQL Installer 是一个应用程序，可以理解为 MySQL 安装器或者 MySQL 安装程序，它可以帮助我们轻松完成 MySQL 的安装。在 Windows 系统中，MySQL Installer 是官方推荐的安装方式。

1. 下载 MySQL Installer。

使用浏览器在 MySQL 官网下载 MySQL Installer（可在搜索引擎中输入关键字 MySQL Installer，找到相应的下载页面）。

在图 1.1 中可以看到，我们即将安装的版本为 8.0.23，如果想找到更早的一些版本，可以单击 Looking for previous GA versions 按钮（对于学习目的来说，下载最新版本即可）。

另外，我们看到页面中提供了两个下载按钮。

- 第一个下载按钮对应的名称是 mysql-installer-web-community-8.0.23.0.msi，这个安装程序比较小，它仅仅包含安装程序和配置文件，并不包含 MySQL 的主体内容。也就是说，这相当于是一个壳，在安装过程中需要连接互联网来下载相应的内容。
- 第二个下载按钮对应的名称是 mysql-installer-community-8.0.23.0.msi，这个安装程序比较大，MySQL 的主体内容已经被绑定到该安装程序中，在安装过程中不再需要实时下载。

图 1.1   下载 MySQL Installer 8.0.23

这里选择下载这个已经绑定 MySQL 主体内容的 MySQL Installer，单击 Download 按钮，如图 1.2 所示。

图 1.2   单击 Download 按钮进行下载

之后进入图 1.3 所示的页面。该页面提示我们注册或者登录。如果不想注册或者登录，可以单击左下角的 "No thanks, just start my download."，然后就可以将 MySQL Installer 下载到自己的计算机上了。

图 1.3 提示注册或登录

2. 下载完成后，双击运行 MySQL Installer。

小贴士

在运行 MySQL Installer 时，需要保证当前主机已经安装了 Microsoft .NET Framework 4.5.2 或更高版本。如果你的主机尚未安装的话，则会弹出错误（如果不弹出错误的话，请忽略本小贴士），此时可以到微软官网下载并安装 Microsoft .NET Framework，然后再运行 MySQL Installer。

在图 1.4 中可以看到，MySQL Installer 支持多种安装类型。出于学习目的，我们只需要选择 Server only 就好了，然后单击 Next 按钮。

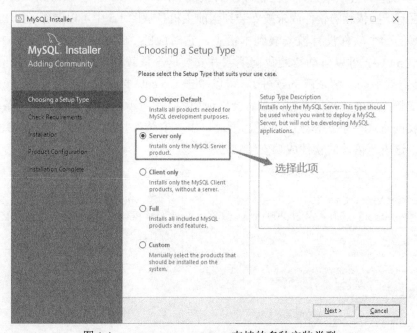

图 1.4 MySQL Installer 支持的多种安装类型

小贴士

在选择 Server only 安装类型后，我们不能手动选择 MySQL 的安装路径，它的默认安装路径是 C:\Program Files\MySQL\MySQL Server 8.0\。如果不想让它安装到 C 盘，可以选择 Custom 安装类型。

3. 然后就进入了 Check Requirements（检测依赖）阶段，如图 1.5 所示。

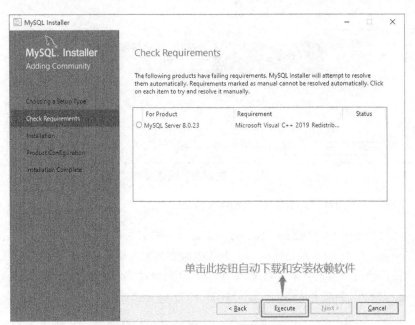

图 1.5　Check Requirements 阶段

MySQL 在安装时会依赖另外一些软件，MySQL Installer 会在 Check Requirements 阶段检测是否有一些依赖的软件尚未被安装到当前主机。从图 1.5 中可以看到，MySQL Server 8.0.23 依赖的一个软件没有被安装到本机上，它对应的 Status 列的值是空白的，这表明 MySQL Installer 可以自动帮助我们下载并安装这个依赖的软件（如果 Status 列的值为 Manual，则需要手动安装依赖的软件）。可以单击 Execute 按钮让 MySQL Installer 自动下载并安装依赖的软件。等待下载完成后会出现如图 1.6 所示的"微软软件许可条款"界面。

勾选"我同意许可条款和条件"复选框，单击"安装"按钮，等待一会儿后出现如图 1.7 所示的界面，这表示依赖的软件成功安装。

图 1.6　"微软软件许可条款"界面

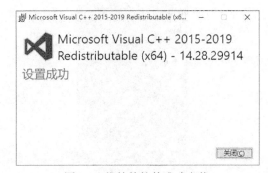

图 1.7　依赖的软件成功安装

　　然后返回 Check Requirements 阶段的界面，现在 Status 列的值变为 INSTL DONE，如图 1.8 所示。接下来就可以单击 Next 按钮继续安装了。

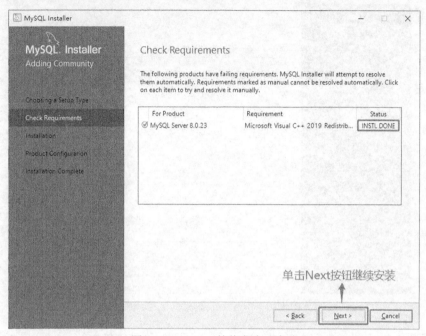

图 1.8　Status 的值发生了变化

4. 之后进入 Installation（安装）阶段，单击 Execute 按钮继续安装，如图 1.9 所示。

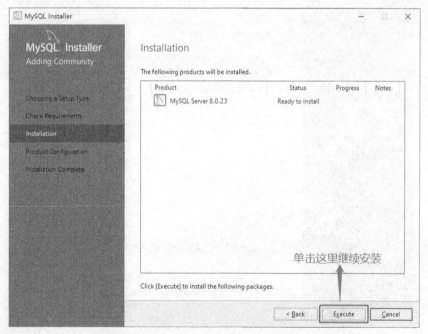

图 1.9　Installation 阶段

一会儿过后，安装就完成了（Status 列的值从 Ready to Install 变为 Complete），

如图 1.10 所示。然后单击 Next 按钮。

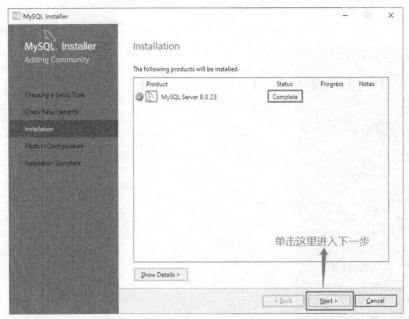

图 1.10　Status 变成 Complete

5. 之后进入 Product Configuration（产品配置）阶段，在这个阶段可以对安装的 MySQL Server 8.0.23 进行一些基本的配置，如图 1.11 所示。

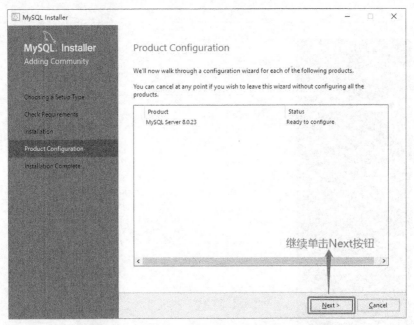

图 1.11　进入 Product Configuration 阶段

继续单击 Next 按钮，进入详细配置界面，首先是 Type and Networking（类型与网络）的详细配置，如图 1.12 所示。

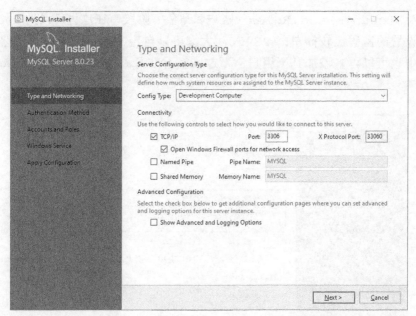

图 1.12　Type and Networking 的详细配置

当然，目前我们不关心这些配置，保持默认选项，单击 Next 按钮即可。

然后进入 Authentication Method（认证方法）阶段。界面中密密麻麻写了一堆英文，有兴趣的小伙伴可以详细阅读一下看看大概都说了什么，这里保持默认选项，单击 Next 按钮即可，如图 1.13 所示。

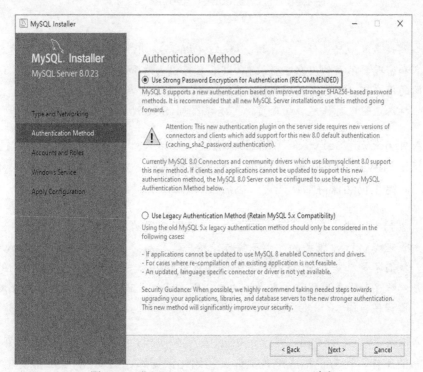

图 1.13　进入 Authentication Method 阶段

然后进入 Accounts and Roles（账户和角色）阶段，在这里可以为 root 用户设置密码。这里设置的密码比较简单：123456，大家可以自定义自己的密码。当然，在图 1.14 所示的界面中也可以再多添加几个用户，不过这里不准备添加了，直接单击 Next 按钮进入下一步。

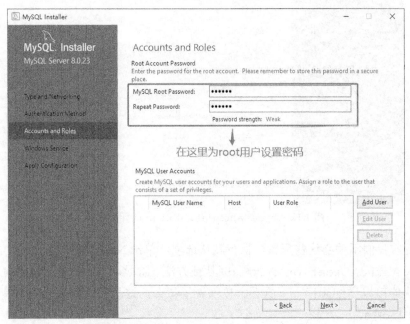

图 1.14　进入 Accounts and Roles 阶段

小贴士　　与许多其他的软件一样（诸如微信、QQ 等），用户在使用 MySQL 时也需要提供用户名和密码，不同的用户在登录 MySQL 后可以查看和修改的数据也不相同（也就是说，不同的用户可以拥有不同的权限；关于权限的更多内容将在后续章节唠叨）。root 用户比较特殊，它也称作超级管理员，可以操作 MySQL 所管理的所有数据。

然后进入 Windows Service（Windows 服务）阶段，如图 1.15 所示。这里可以将 MySQL 服务器程序指定为 Windows 服务，并且可以指定服务名称（默认的服务名称为 MySQL80）和是否开机启动。这里仍然保持默认配置，然后单击 Next 按钮。

小贴士　　我们可以将需要在后台长时间运行的程序配置为一个 Windows 服务，这样就可以使用管理 Windows 服务的方式来操作该程序，稍后将演示如何管理 Windows 服务。另外，我们不是在安装 MySQL 吗？那么什么是 MySQL 服务器程序呢？其实 MySQL 分为客户端程序和服务器程序，更详细的区分会在下一章中唠叨，现在大家单纯地把 MySQL 服务器程序当作 MySQL 就好了。

然后进入 Apply Configuration（应用配置）阶段，如图 1.16 所示。该界面中显示了一堆即将要做的工作，比方说生成配置文件、初始化数据库、启动 MySQL 服务器等，我们现在也不用关心细节，单击 Execute 按钮就好了。

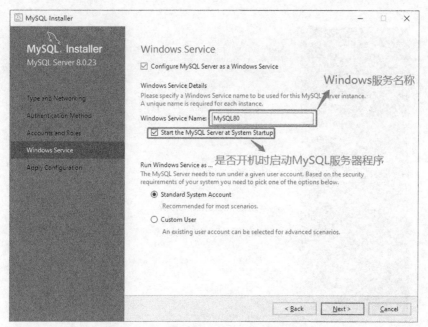

图 1.15 进入 Windows Service 阶段

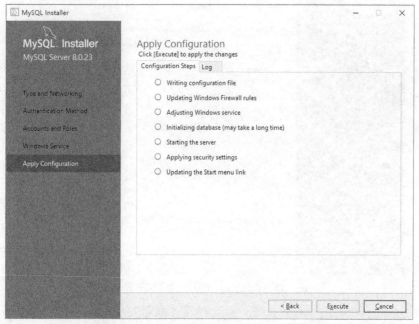

图 1.16 进入 Apply Configuration 阶段

完成之后便会出现如图 1.17 所示的界面。

然后单击 Finish 按钮返回到 Product Configuration 阶段，如图 1.18 所示。

可以看到 Status 列的值显示为 Configuration complete，表示配置结束。接下来继续单击 Next 按钮。

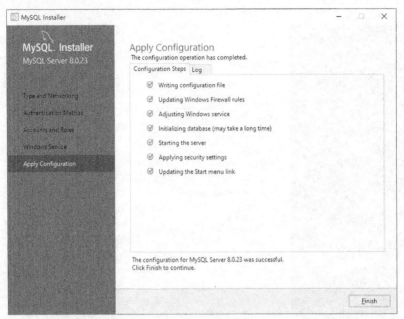

图 1.17　配置结束

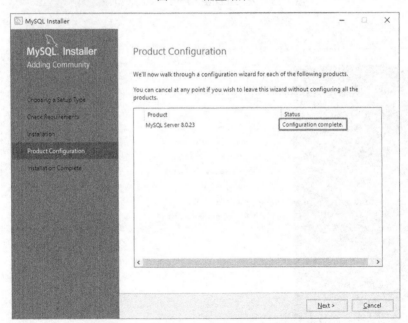

图 1.18　Status 列的值再次发生变化

6. 然后进入 Installation Complete 阶段，表示安装完成，如图 1.19 所示。
单击 Finish 按钮退出 MySQL Installer。

小贴士

　　在 Windows 系统上使用 MySQL Installer 来安装 MySQL 是设计 MySQL 的大叔推荐的一种比较简便的安装方式。当然，我们还可以通过其他安装方式（比如直接下载 zip 包，或者直接编译源代码来安装）将 MySQL 安装到 Windows 系统上，只不过稍微有点复杂，大家如果有兴趣，可以自行查看 MySQL 的文档。使用其他操作系统的小伙伴可自行搜索安装方式，安装时遇到问题的话可到我们的答疑群提问。

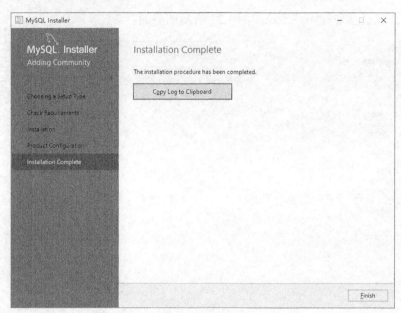

图 1.19　安装完成

1.3.2　MySQL 的启动和关闭

上面我们在 Windows　Service 配置阶段将 MySQL 服务器程序设置成一个名为 MySQL80 的 Windows 服务，我们可以通过管理 Windows 服务的方式来启动和关闭 MySQL 服务器程序。

1. 使用可视化界面管理 Windows 服务

首先单击"开始"菜单，搜索名为"计算机管理"的程序，如图 1.20 所示。

图 1.20　搜索"计算机管理"程序

打开这个计算机管理程序，出现如图 1.21 所示的界面。

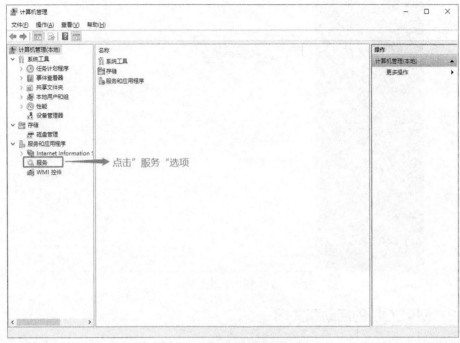

图 1.21　"计算机管理"界面

再单击"服务和应用程序"下的"服务"选项，进入 Windows 服务管理器，如图 1.22 所示。

图 1.22　Windows 服务管理器

可以看到里面就有一个名为 MySQL80 的服务，它的状态是"正在运行"（这是在运行 MySQL Installer 的 Apply Configuration 阶段启动的），如图 1.23 所示。如果想把它关掉，可以鼠标右键单击该条目，在弹出的菜单中单击"停止"，就可以将它关掉了。

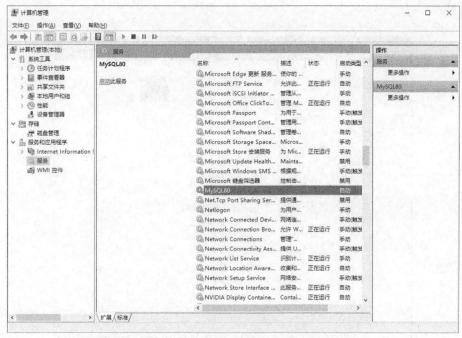

图 1.23　MySQL80 服务已关闭，它的状态变为空白

如果想重新启动该服务，可以鼠标右键单击该条目，在弹出的菜单中单击"启动"就好了。

2. 使用命令行解释器来管理 Windows 服务

作为程序员，使用可视化界面的效率实在太低了，我们还是偏向于使用命令行解释器来进行相关的操作。可以单击"开始"菜单，搜索名为 cmd 的程序，如图 1.24 所示。

图 1.24　搜索 cmd 程序

可以看到有一个名为"命令提示符"的程序，然后鼠标右键单击该程序，弹出如图 1.25 所示的菜单。

图 1.25 "命令提示符"的右键菜单

选择"以管理员身份运行"，然后就进入了一个如图 1.26 所示的黑框框，这个黑框框就是所谓的命令行解释器。

图 1.26 命令行解释器

我们可以在这个黑框框中输入 net start MySQL80 命令来启动 MySQL 服务器程序对应的 Windows 服务，或者使用 net stop MySQL80 命令来停止 MySQL 服务器程序对应的 Windows 服务，就像图 1.27 这样。

图 1.27　使用命令来启动和关闭 MySQL 服务器程序

好了，到现在为止，我们已经掌握了 MySQL 的安装、启动和关闭方式，不过至今没有使用过它。下一章再见吧。

第2章 MySQL 初体验

2.1 客户端 / 服务器架构

现在 MySQL 已经装到了我们的计算机上，在进一步唠叨如何使用这个软件之前，我们先从宏观上了解一下这个软件是怎样运行的。

以我们平时使用的微信为例，微信其实是由客户端程序（可以简称为客户端）和服务器程序（可以简称为服务器）这两部分组成的。微信客户端可能有很多种形式，比如移动端的App、桌面端的软件或者是网页版的微信。微信的每个客户端都有一个唯一的用户名，也就是你的微信号。另一方面，腾讯公司在它们的机房里运行着一个服务器程序，我们平时在微信上的各种操作，其实就是使用微信客户端与微信服务器打交道。

比如狗哥使用微信给猫爷发一条微信消息的过程大致如下所示。

- 狗哥发出的微信消息被客户端进行包装，添加诸如发送者与接收者等信息，然后从客户端发送到微信服务器。
- 微信服务器从收到的消息中获取发送者和接收者信息，并据此将消息发送到猫爷的微信客户端。然后，猫爷的微信客户端就显示狗哥给他发的消息。

MySQL 的运行过程与之类似，它的服务器程序直接和我们存储的数据打交道，多个客户端程序可以连接到这个服务器程序。客户端向服务器发送增删改查等请求，然后服务器程序根据这些请求，对存储的数据进行相应的处理。与微信一样，MySQL 的每一个客户端都需要使用用户名和密码才能登录服务器，并且只有在登录之后才能向服务器发送某些请求来操作数据。MySQL 的日常使用场景是下面这样的。

- 启动 MySQL 服务器程序。
- 启动 MySQL 客户端程序，并连接到服务器程序。
- 在客户端程序中输入一些语句，并将其作为请求发送给服务器程序。服务器程序收到这些请求后，会根据请求的内容来操作具体的数据并向客户端返回操作结果。

小贴士

虽然市面上流行着各式各样的数据库管理系统，不过都可以使用一种名为 SQL（Structured Query Language，结构化查询语言）的语言与这些数据库管理系统进行交互。MySQL 也是一种数据库管理系统，支持大部分标准的 SQL 语句，不过也有一些是自己独有的语句。在后续的章节中我们会详细唠叨如何使用 SQL 语句来管理数据。

2.2　bin 目录下的可执行文件

在第 1 章中，我们以 Windows 操作系统为例，把 MySQL 安装到了 C:\Program
Files\MySQL\MySQL Server 8.0\ 路径下。现在看一下这个路径下的文件和文件夹，如
图 2.1 所示。

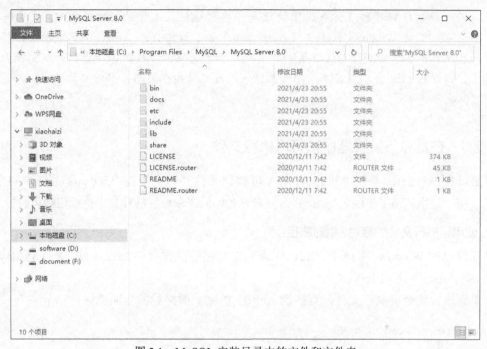

图 2.1　MySQL 安装目录中的文件和文件夹

在图 2.1 中可以看到，MySQL 安装路径下有一个非常重要的 bin 目录。这个 bin 目录下
存放着许多可执行文件（使用其他操作系统的同学可以按照自己的安装路径找到该路径下的
bin 目录）。我们列出在 Windows 系统中这个 bin 目录下的一部分可执行文件来看一下（文
件太多，全列出来会刷屏的）：

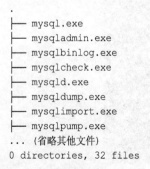

```
.
├── mysql.exe
├── mysqladmin.exe
├── mysqlbinlog.exe
├── mysqlcheck.exe
├── mysqld.exe
├── mysqldump.exe
├── mysqlimport.exe
├── mysqlpump.exe
... (省略其他文件)
0 directories, 32 files
```

其他操作系统相应的 bin 目录下的可执行文件大体与 Windows 操作系统中的类似。这些
可执行文件有的是服务器程序，有的是客户端程序。

对于可执行文件来说，我们的第一反应就是使用鼠标双击的方式将其打开（事实上我们

平常使用 Word、Execl 等程序的时候就是通过双击可执行文件打开的）。那么，bin 目录下的
这些可执行文件是否可以直接双击打开呢？打开当然是可以打开的，不过大概率会出现错误。
在执行 bin 目录下的这些可执行文件时，常常需要向其传递一些参数才可以让它们正确运行，
在这种情况下就不能简单地使用鼠标双击将其打开了。另外，作为一个程序员或者准程序员，
我们推荐使用命令行解释器来执行这些可执行文件。

小贴士
　　命令行解释器通俗来说指的就是那些黑框框，这里的指的是类 UNIX 系统中的
Shell 或者 Windows 系统中的 cmd.exe。关于如何打开 Windows 下的命令行解释器
已经在第 1 章唠叨过了（在第 1 章中，为了管理 Windows 服务，我们是以管理员的身
份打开的 cmd.exe。在本章中若无强调，可以使用普通用户身份打开 cmd.exe），这
里就不赘述了。

2.2.1　在命令行解释器中执行可执行文件

下面以在 Windows 系统中执行 mysql 可执行文件（该文件在 Windows 系统中的全称为
mysql.exe，这里忽略了扩展名 .exe）为例来看看如何在命令行解释器中执行这些可执行文件。

1. 使用可执行文件的绝对 / 相对路径

在我自己的 Windows 系统中，bin 目录的绝对路径就是 C:\Program Files\MySQL\
MySQL Server 8.0\bin\。

如果想执行这个可执行文件，直接把 mysql 放到上面路径的后面就好：

```
"C:\Program Files\MySQL\MySQL Server 8.0\bin\mysql"
```

我们截个图看一下，如图 2.2 所示。

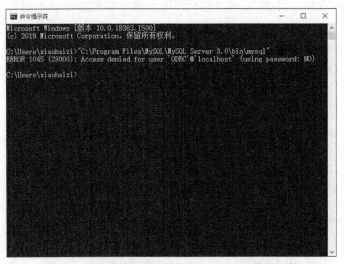

图 2.2　以绝对路径的方式执行 mysql 可执行文件

从图 2.2 的输出中可以看到可执行文件在执行过程中遇到了一些错误，不过我们现在并不
关心这个错误是啥，而只关心在命令行解释器中执行某个可执行文件的方式。

可以看到，在命令行解释器中我们给完整的命令加了双引号 ""，这是因为我们的命令中包含空格（Program Files 目录名和 MySQL Server 8.0 目录名中均包含空格），如果不为完整的命令添加双引号，命令行解释器会以为 C:\Program 是我们想要执行的可执行文件，而空格后面的内容是传递给这个可执行文件的参数。

上面是用绝对路径的方式来执行可执行文件，我们也可以用相对路径的方式来执行可执行文件。不过我们首先得了解一下啥是当前工作目录。

在刚打开 cmd.exe 这个命令行解释器时，它展示的界面是图 2.3 所示的样子。

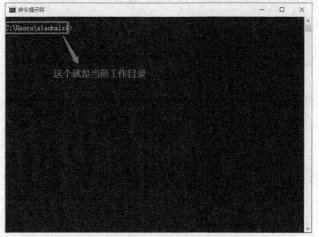

图 2.3 命令行界面的初始截图

> 符号前面有一串字符"C:\Users\xiaohaizi"，这就是所谓的当前工作目录。如果想改变这个当前工作目录，可以使用 cd 命令，然后在该命令后面写上对应的目录路径，按下回车键，执行效果如图 2.4 所示。

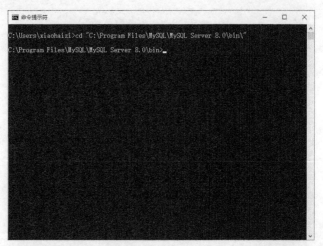

图 2.4 更改工作目录

可以看到，当前工作目录已经切换到 C:\Program Files\MySQL\MySQL Server 8.0\bin\。此时就可以输入当前工作目录下的可执行文件的文件名来直接执行对应的文件，就像图 2.5 这样。

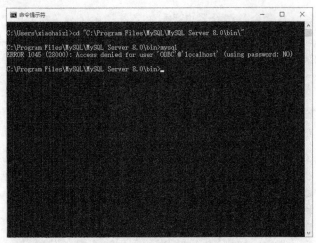

图 2.5 以相对路径的方式执行 mysql 可执行文件

在图 2.5 中可以看到，我们在命令行解释器中输入了 mysql，命令行解释器就会在当前工作目录（也就是 C:\Program Files\MySQL\MySQL Server 8.0\bin\）下寻找名为 mysql 的可执行文件，找到后就会执行它。这就属于用相对路径执行可执行文件的范畴。

2. 将该 bin 目录的绝对路径加入到环境变量 Path 中

如果我们觉得每执行一个可执行文件都要输入一串长长的路径名很麻烦，那么可以把该 bin 目录所在的绝对路径添加到环境变量 Path 中。稍等一下，环境变量是个啥？作为初学者，我们可以把环境变量简单地理解为计算机所维护的一些变量，程序在运行过程中会访问这些变量的值。

如何查看计算机上有哪些环境变量以及它们的值是什么呢？我们可以先打开资源管理器，右键单击"计算机"，弹出如图 2.6 所示的菜单（由于我已将我的计算机改名为 xiaohaizi，所以图 2.6 中显示的就是 xiaohaizi）。

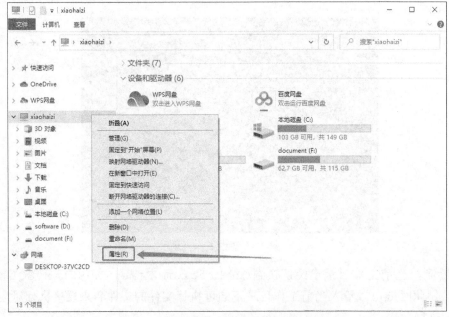

图 2.6 在资源管理器中右键单击计算机名

然后单击"属性"菜单，进入如图 2.7 所示的界面。

图 2.7　进入"属性"界面

然后继续单击左侧的"高级系统设置"按钮，进入"系统属性"界面，如图 2.8 所示。

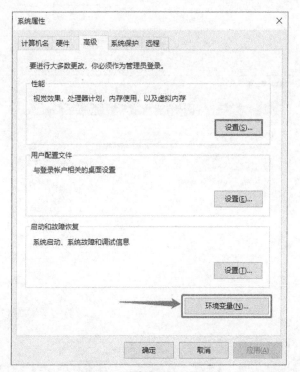

图 2.8　"系统属性"界面

然后在"系统属性"界面中单击"环境变量"按钮，进入"环境变量"界面，如图 2.9 所示。我们在"环境变量"界面的下方看到了一个名为"系统变量"的区域，该区域中有一个名为 Path 的条目，这个条目就代表着名为 Path 的环境变量。我们可以双击这个条目进入"编辑环境变量"的界面，如图 2.10 所示。

图 2.9　"环境变量"界面

图 2.10　"编辑环境变量"界面

可以看到，环境变量 Path 其实代表着一系列的路径。当在命令行解释器中输入一个命令（比如 mysql）时，命令行解释器便会在环境变量 Path 代表的各个路径下依次查找有没有这个名叫 mysql 的可执行文件。如果有，则执行该文件。如果各个路径下都没有一个名叫 mysql 的可执行文件，那么很遗憾，就会提示如图 2.11 所示的信息（注意当前工作目录是 C:\Users\xiaohaizi）。

图 2.11　提示信息

小贴士　　当然，除了环境变量代表的一系列路径以外，命令行解释器还会在当前工作目录下寻找有没有相应的可执行文件。

此时单击"编辑环境变量"界面中的"新建"按钮，把 MySQL 安装目录下的 bin 目录的绝对路径加入到 Path 环境变量中，如图 2.12 所示。

图 2.12　把 bin 目录的绝对路径添加到 Path 环境变量中

单击"确定"按钮，返回"环境变量"界面，如图 2.13 所示。

图 2.13 "环境变量"界面

再次单击"确定"按钮，保存已经修改的环境变量。

现在这个 Path 环境变量的值就修改成功了。此时重新打开 cmd.exe 命令行解释器（注意一定要关闭旧的 cmd.exe，重新打开一个新的 cmd.exe），重新输入 mysql 命令试一下，如图 2.14 所示。

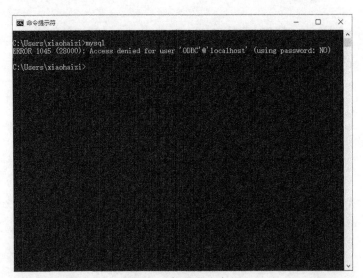

图 2.14 提示发生变化

可以看到，这次就不会提示"mysql 不是内部或外部命令，也不是可运行的程序或批处理文件"的错误了。

在一些较早版本的 Windows 中，并不会提供前面那些十分友好的界面来管理环境变量，而是直接把环境变量的值展示成一个字符串。对于环境变量 Path 来说，它的值对应的字符串代表若干个路径，这些路径之间使用分号（;）分隔，因此在使用这些较早版本的 Windows 时，向 Path 环境变量添加新路径时要注意使用分号进行分隔哦。

2.2.2　服务器程序和客户端程序

MySQL 安装目录下的 bin 目录下有很多可以执行文件，有一些是服务器程序，有一些是客户端程序。

1. 服务器程序

在第 1 章使用 MySQL Installer 安装 MySQL 时，在 Windows Service 的配置阶段，我们将 MySQL 的服务器程序配置为名为 MySQL80 的 Windows 服务，之后就可以在服务管理器（图形界面）或者命令行管理器中（使用 net start 或 net stop 命令）开启或关闭 Windows 服务器程序。这个 MySQL 服务器程序其实指的就是 MySQL 安装目录下的 bin 目录下的 mysqld 可执行文件。

可以直接运行 mysqld 可执行文件来启动 MySQL 服务器程序，如图 2.15 所示。

图 2.15　运行 mysqld，启动 MySQL 服务器程序

在使用 mysqld 可执行文件启动 MySQL 服务器时，请先停止原先运行在计算机上的 MySQL 服务器程序（我们之前通过 net start MySQL80 的方式启动了 MySQL 服务器，只需要执行 net stop MySQL80 命令就可以将其停止了）。

可以看到输出的日志中有一些 ERROR 字样的句子，并且伴随着提示"Failed to set

datadir to 'C:\Program Files\MySQL\MySQL Server 8.0\data' (OS errno: 2 - No such file or directory)"，翻译过来就是"无法将数据目录设置为 C:\Program Files\MySQL\MySQL Server 8.0\data，计算机中没这个目录"。

其实这是因为 MySQL 服务器在运行过程中严重依赖一个名为数据目录的路径（服务器在运行过程中产生的数据都会放置到这个数据目录的下面）。我们之前采用 MySQL Installer 安装 MySQL 时，默认将这个数据目录的路径设置为 C:\ProgramData\MySQL\MySQL Server 8.0\Data（当然，如果在使用 MySQL Installer 安装时选择 Custom 安装类型，则可以自定义数据目录的路径）。

在使用 mysqld 可执行文件启动 MySQL 服务器程序时，它默认并不会将上述路径设置为数据目录的路径，这时就需要我们在启动 MySQL 服务器时显式地指定一个名为 datadir 的参数，该参数就代表着数据目录的路径。所以需要使用下面的命令来启动 MySQL 服务器：

```
mysqld --datadir="C:\ProgramData\MySQL\MySQL Server 8.0\Data"
```

执行结果如图 2.16 所示。

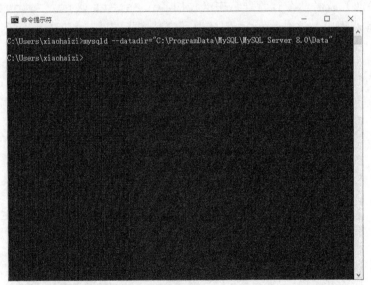

图 2.16   以命令中带参数的方式启动 MySQL 服务器程序

咦？按下回车键后怎么什么也没有输出呢？MySQL 服务器程序启动成功了吗？如果想看到运行 mysqld 可执行文件时产生的输出，可以在命令后面添加 --console 参数，就像这样：

```
mysqld --datadir="C:\ProgramData\MySQL\MySQL Server 8.0\Data" --console
```

运行效果如图 2.17 所示。

哎！好生气，又有 ERROR 字样的句子。再仔细一看提示信息是"The innodb_system data file 'ibdata1' must be writable"，它的意思是有一个名为 ibdata1 的文件不能写入数据。这是因为我们目前是以普通用户的身份打开的 cmd.exe，以管理员身份运行 cmd.exe 即可解决该问题，如图 2.18 所示。

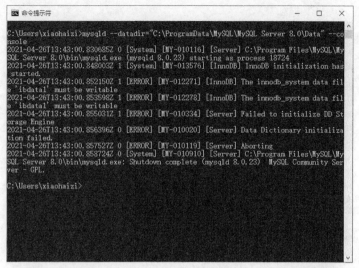

图 2.17 添加 --console 参数，查看执行 mysqld 时的输出

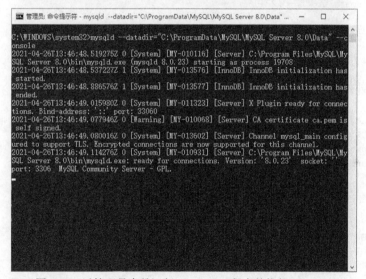

图 2.18 以管理员身份运行 cmd.exe 程序并执行 mysqld

可以看到这次按下回车键后并没有提示 ERROR 字样的句子，并且 cmd.exe 命令行解释器不动了（敲击键盘无反应），这就意味着 MySQL 服务器启动成功了。如果此时把这个 cmd.exe 命令行解释器关掉，或者按下 Ctrl + C 组合键，就会停止 MySQL 服务器程序的运行。可以看到，使用 mysqld 启动 MySQL 服务器程序还是比较麻烦的，推荐大家使用 Windows 服务的方式来启动或者停止 MySQL 服务器程序。

2. 客户端程序

在服务器程序成功启动之后，就可以接着启动客户端程序来连接这个服务器了。bin 目录下有许多客户端程序，比方说 mysqladmin、mysqldump、mysqlcheck 等（好多呢，这里就不一一列举了）。这里要重点关注的是可执行文件 mysql，我们通过这个可执行文件与服务器程序进行交互，也就是发送请求以及接收服务器的处理结果。启动这个可执行文件时一般需要一些参数，格式如下：

```
mysql -h主机名  -u用户名 -p密码
```

各个参数的意义如表 2.1 所示。

表 2.1　mysql 的各个参数以及意义

参数名	含义
-h	表示启动服务器程序的计算机的域名或者 IP 地址，如果服务器程序在本机运行的话，可以省略这个参数，也可以填写 localhost 或者 127.0.0.1；还可以写为 "--host= 主机" 的形式
-u	表示用户名，超级管理员的用户名是 root；也可以写为 "--user=用户名" 的形式
-p	表示密码；也可以写为 "--password= 密码" 的形式

比如按照下面这样执行这个可执行文件（用户名和密码请根据实际情况填写），就可以启动 MySQL 客户端并且连接服务器了。

```
mysql -hlocalhost -uroot -p123456
```

也可以这么写：

```
mysql --host=localhost --user=root --password=123456
```

我们看一下连接成功后输出的信息：

```
mysql: [Warning] Using a password on the command line interface can be insecure.
Welcome to the MySQL monitor.  Commands end with ; or \g.
Your MySQL connection id is 16
Server version: 8.0.23 MySQL Community Server - GPL

Copyright (c) 2000, 2021, Oracle and/or its affiliates.

Oracle is a registered trademark of Oracle Corporation and/or its
affiliates. Other names may be trademarks of their respective
owners.

Type 'help;' or '\h' for help. Type '\c' to clear the current input statement.

mysql>
```

前面是一些版本和版权信息，我们重点关注最后一行的 mysql>。mysql> 是一个客户端的提示符，之后客户端发送给服务器的请求语句都需要写在这个提示符后面。

如果想断开客户端与服务器的连接并且关闭客户端的话，可以在 mysql> 提示符后输入下面任意一个命令：

- quit
- exit
- \q

比如我们输入 quit 试试：

```
mysql> quit
Bye
```

输出 "Bye" 说明客户端程序已经成功关掉。注意,这是关闭客户端程序的方式,不是关闭服务器程序的方式。至于怎么关闭服务器,在前面已经唠叨过了。

如果愿意,可以多打开几个黑框框,在每个黑框框中都执行 `mysql -hlocalhost -uroot -p123456` 命令,从而达到运行多个客户端程序的效果,而且每个客户端程序都是互不影响的。如果你有多台计算机,也可以尝试把它们用局域网连起来,然后在一台计算机上启动 MySQL 服务器程序,在另一台计算机上执行 `mysql` 命令并使用 IP 地址作为主机名来连接服务器。

2.2.3 连接注意事项

在将客户端程序连接到服务器时,有下面这些注意事项。

● 最好不要在一行命令中输入密码。

在一些系统中,在命令行中输入的密码可能会被同一机器上的其他用户通过某些方式看到。也就是说,直接在命令行中输入密码是不安全的。在执行 `mysql` 命令连接到服务器时,可以不为 -p 参数指定值(也就是不显式填入密码),就像这样:

```
mysql -hlocalhost -uroot -p
```

单击回车键之后系统才会提示输入密码:

```
Enter password:
```

不过此时我们输入的密码不会被显示出来,心怀不轨的人也就看不到了。在输入完成后单击回车键就能成功连接服务器了。

● 如果非要显式地把密码写出来,则密码值和 -p 之间不能有空白字符,其他参数名之间可以有空白字符,就像这样:

```
mysql -h localhost -u root -p123456
```

如果加上了空白字符就是错误的,比如下面这样(下面的命令会导致 123456 被当作数据库名对待;至于什么是数据库则会在下一章唠叨):

```
 mysql -h localhost -u root -p 123456
```

● `mysql` 的各个参数的摆放顺序没有硬性规定,也就是说我们也可以这么写:

```
mysql -p  -u root -h localhost
```

● 如果服务器和客户端程序安装在同一台机器上,-h 参数可以省略,就像这样:

```
mysql -u root -p
```

● 如果使用的是类 UNIX 系统,并且省略了 -u 参数,则会把登录操作系统的用户名当作 MySQL 的用户名去处理。

比方说,我用来登录操作系统的用户名是 xiaohaizi,那么下面这两条命令在我的 UNIX 机器上是等价的:

```
mysql -u xiaohaizi -p
mysql -p
```

对于 Windows 系统来说，默认的用户名是 ODBC，我们也可以通过设置环境变量 USER 来添加一个默认用户名。

2.3　MySQL 语句使用注意事项

MySQL 的基本运行过程就是：通过客户端程序发送请求（请求就是一个字符串）给服务器程序；服务器程序按照接收的语句去操作实际的数据并将响应（响应也是一个字符串）返回给客户端。在使用黑框框启动了 MySQL 客户端程序之后，界面上会一直显示一行字：mysql>。这是一个提示符，你可以在它后面输入语句，在输入语句的时候需要注意卜面这几点。

● 语句结束符号。

在书写完一个语句之后需要以下面这几个符号中的一个来结尾：

- ■　；
- ■　\g
- ■　\G

比如说我们执行一个查询当前时间的简单语句：

```
mysql> SELECT NOW();
+---------------------+
| NOW()               |
+---------------------+
| 2021-02-06 17:50:55 |
+---------------------+
1 row in set (0.00 sec)
```

其中的 SELECT 意味着这是一个查询语句，NOW() 是 MySQL 内置的函数，用于返回当前时间（我们现在不用深究具体的语句是什么意思，只是想介绍一下在书写语句时需要注意的一些事情，所以大家不要纠结这里的函数是啥，后面会讲的）。

结果中"1 row in set (0.00 sec)"的意思是"结果只有 1 行数据，用时 0.00 秒"。使用 \g 可以起到一样的效果：

```
mysql> SELECT NOW()\g
+---------------------+
| NOW()               |
+---------------------+
| 2021-02-06 17:50:55 |
+---------------------+
1 row in set (0.00 sec)
```

\G 有一点特殊，它并不以表格的形式返回查询结果，而是以垂直的形式将结果中的每个列都展示在单独的一行中：

```
mysql> SELECT NOW()\G
*************************** 1. row ***************************
```

```
NOW(): 2021-02-06 17:51:51
1 row in set (0.00 sec)
```

如果查询结果的列数非常多的话，使用 \G 可以更容易让我们看清结果。

● 语句可以随意换行。

并不是说按了回车键就是将语句发送给服务器了，只要在按回车键的时候输入的语句中没有 ;、\g 或者 \G 这些语句结束符号，该语句就没结束。比如上面查询当前时间的语句还可以这么写：

```
mysql> SELECT
    -> NOW()
    -> ;
+---------------------+
| NOW()               |
+---------------------+
| 2021-02-06 17:57:15 |
+---------------------+
1 row in set (0.00 sec)
```

● 可以一次提交多个语句。

我们可以在一行中书写多个语句（语句之间用前面说的结束符分隔，这里用的是分号），比如这样：

```
mysql> SELECT NOW(); SELECT NOW(); SELECT NOW();
+---------------------+
| NOW()               |
+---------------------+
| 2021-02-06 18:00:05 |
+---------------------+
1 row in set (0.00 sec)

+---------------------+
| NOW()               |
+---------------------+
| 2021-02-06 18:00:05 |
+---------------------+
1 row in set (0.00 sec)

+---------------------+
| NOW()               |
+---------------------+
| 2021-02-06 18:00:05 |
+---------------------+
1 row in set (0.00 sec)
```

我们连着输入了 3 个查询当前时间的语句，只要没按回车键，就不会向服务器发送语句。

小贴士

　　在后文中，我们还会介绍如何把语句都写在文件中，然后再由服务器批量执行文件中的语句，那个感觉会更爽！

● 使用 \c 放弃本次操作。

如果想放弃本次编写的语句，可以在输入的语句后面加上 \c，比如这样：

```
mysql> SELECT NOW()\c
mysql>
```

如果不使用 \c，则客户端会以为这是一个多行语句，因此会一直傻傻地等你继续输入。

● 大小写问题。

MySQL 默认对语句的大小写没有限制，也就是说我们这样查询当前时间也是可以的：

```
mysql> select now();
+---------------------+
| now()               |
+---------------------+
| 2021-02-06 18:23:01 |
+---------------------+
1 row in set (0.00 sec)
```

● 字符串的表示。

在语句中有时会使用到字符串，我们可以使用单引号 '' 或者双引号 "" 把字符串内容引起来，比如这样：

```
mysql> SELECT 'aaa';
+-----+
| aaa |
+-----+
| aaa |
+-----+
1 row in set (0.00 sec)
```

这个语句只是简单地把字符串 'aaa' 又输出了而已。但是一定要在字符串内容上加上引号，不然的话 MySQL 服务器会把它当作列名，比如下面这样就会返回一个错误：

```
mysql> SELECT aaa;
ERROR 1054 (42S22): Unknown column 'aaa' in 'field list'
```

小贴士

　　MySQL 中有一种名为 ANSI_QUOTES 的模式，如果开启了这种模式，双引号就有其他特殊的用途了，至于是什么用途现在对我们来说并不重要，我们也不需要理解 ANSI_QUOTES 模式是啥，只需要知道最好用单引号来表示字符串就好了。

当语句从客户端发送给 MySQL 服务器之后，服务器处理完后就会向客户端返回处理结果，然后显示到界面上，然后就可以输入下一条语句了。

第3章 MySQL 数据类型

前文说过，MySQL 其实是把数据存储到了表里面，表又由若干行组成，每一行又由若干列组成。还是拿之前说过的学生基本信息表来举个例子，如表 3.1 所示。

表 3.1 学生基本信息表

学号	姓名	性别	身份证号	学院	专业	入学时间
20210101	狗哥	男	158177200301044792	计算机学院	计算机科学与工程	2021-09-01
20210102	猫爷	男	151008200201178529	计算机学院	计算机科学与工程	2021-09-01
20210103	艾希	女	17156320010116959X	计算机学院	软件工程	2021-09-01
20210104	亚索	男	141992200201078600	计算机学院	软件工程	2021-09-01
20210105	莫甘娜	女	181048200008156368	航天学院	飞行器设计	2021-09-01
20210106	赵信	男	197995200201078445	航天学院	电子信息	2021-09-01

表中的一行就代表一个学生的基本信息，这一行中的某一列就代表这个学生基本信息中的一项属性。也就是说，学号是学生的一项属性，姓名也是学生的一项属性，其他的列也都是这个学生的属性。但是这些属性都有一定的格式，比如说学号是整数格式的，入学时间是日期格式的，其他的属性都是字符串格式的。不同格式的数据是不能随便乱填的，如果把一个日期格式的数据填在了性别中，岂不是闹了笑话？设计 MySQL 的大叔针对属性的不同格式定义了不同的数据类型，接下来就要详细唠叨 MySQL 中具体有哪些数据类型。

小贴士

> 由于身份证号的最后一位可能是 X，所以就归为字符串了。

3.1 数值类型

3.1.1 整数类型

可能是因为人类有 10 个手指头，所以人类也就采用了十进制来进行计数。但是，计算机是一台机器，也没有手指头，取而代之的是低电压和高电压，因此可以与符号 0 和符号 1 对应起来。我们把每一个符号都称作一个二进制位（bit），现代计算机采用若干个二进制位来表示数字。

- 当有 1 个二进制位时，只能表示 2（2^1）种信息（分别是 0 和 1）。

0 和 1 作为两个符号，不单单可以代表数字 0 和数字 1，也可以代表男和女，还可以代表东和西。让符号 0 和符号 1 代表什么东西是我们人为指定的。在让它们代表数字时，也可以人为指定它们代表的数字含义。在使用 1 个二进制位表示整数时，可以有两种解释（都是人为规定的）。

- **无符号数（仅代表非负数）**：符号 0 就代表数字 0，符号 1 就代表数字 1，能表示的数字范围就是 0 ~ 1，也就是 0 ~ 2^1-1。
- **有符号数（代表正数和负数都行）**：符号 1 就代表数字 -1，符号 0 就代表数字 0，能表示的数字范围就是 -1 ~ 0，也就是 -2^0 ~ 2^0-1。

我们画个表来表示一下（见表 3.2）。

表 3.2　使用 1 个二进制表示整数时的情况

二进制位	无符号数代表数值	有符号数代表数值
0	0	0
1	1	-1

- 当有 2 个二进制位时，由于每个二进制位都可以表示 2 种信息，所以 2 个二进制位的组合共可以表示 2×2=4（2^2）种信息（分别是 00、01、10、11）。在使用 2 个二进制位表示整数时，仍然可以有两种解释（见表 3.3）。

表 3.3　使用 2 个二进制表示整数时的情况

二进制位	无符号数代表数值	有符号数代表数值
00	0	0
01	1	1
10	2	-2
11	3	-1

也就是说，2 个二进制位能表示的无符号数范围为 0~3，也就是 0 ~ 2^2-1，有符号数范围为 -2 ~ 1，也就是 -2^1 ~ 2^1-1。

- 当有 3 个二进制位时，由于每个二进制位都可以表示 2 种信息，所以 3 个二进制位的组合共可以表示 2×2×2=8（2^3）种信息（分别是 000、001、010、011、100、101、110、111）。在使用 3 个二进制位表示整数时，仍然可以有两种解释（见表 3.4）。

表 3.4　使用 3 个二进制表示整数时的情况

二进制位	无符号数代表数值	有符号数代表数值
000	0	0
001	1	1
010	2	2
011	3	3

续表

二进制位	无符号数代表数值	有符号数代表数值
100	4	-4
101	5	-3
110	6	-2
111	7	-1

也就是说，3 个二进制位能表示的无符号数范围为 0 ~ 7，也就是 0 ~ 2^3-1，有符号数范围为 -4 ~ 3，也就是 -2^2 ~ 2^2-1。

依此类推，当使用 n（n 是大于 0 的整数）个二进制位来表示数字时：

- 能表示的无符号数范围就是 0 ~ 2^n-1；
- 能表示的有符号数范围就是 -2^{n-1} ~ 2^{n-1}-1；

1 个二进制位能存储的信息实在太少了，所以计算机中一般以 8 个二进制位作为分配存储空间的基本单位，8 个二进制位也称为 1 字节（Byte）。

就像我们使用卡车拉货一样，卡车越大，能拉的货就越多，但是运费也就越高；卡车越小，能拉的货就越少，不过运费也就越低。世界上很多的事情就是这么不完美，鱼与熊掌不可得兼，我们必须在拉货量和运费之间进行取舍。计算机在数字存储方面也需要进行类似的取舍。很显然，使用的字节数越多，意味着能表示的数值范围就越大，但是也就越耗费存储空间。根据一个数字占用字节数的不同，MySQL 把整数划分成如表 3.5 所示的类型。

表 3.5 整数的类型以及占用的空间和含义

类型	占用的存储空间	无符号数取值范围	有符号数取值范围	含义
TINYINT	1 字节	0 ~ 2^8-1（0 ~ 255）	-2^7 ~ 2^7-1（-128 ~ 127）	非常小的整数
SMALLINT	2 字节	0 ~ 2^{16}-1（0 ~ 65535）	-2^{15} ~ 2^{15}-1（-32768 ~ 32767）	小的整数
MEDIUMINT	3 字节	0 ~ 2^{24}-1（0 ~ 1677215）	-2^{23} ~ 2^{23}-1（-8388608 ~ 8388607）	中等大小的整数
INT（别名 INTEGER）	4 字节	0 ~ 2^{32}-1（0 ~ 4294967295）	-2^{31} ~ 2^{31}-1（-2147483648 ~ 2147483647）	标准的整数
BIGINT	8 字节	0 ~ 2^{64}-1（0 ~ 18446744073709551615）	-2^{63} ~ 2^{63}-1（-9223372036854775808 ~ 9223372036854775807）	大整数

可是我们怎么知道某个数据类型到底是表示有符号数呢，还是无符号数呢？设计 MySQL 的大叔做了这样的规定。

- 在数据类型后面加上 UNSIGNED 单词，则表明该类型用于表示无符号数。比方说 TINYINT UNSIGNED 就表示无符号数。

- 在数据类型后面加上 SIGNED 单词，或者什么都不加，则表明该类型用于表示有符号数，比方说单纯的 TINYINT，或者 TINYINT SIGNED，都表示有符号数。

小贴士　　　关于计算机基础的更多知识，可以等待"小孩子"的另一本书：《计算机是怎样运行的》。

3.1.2　浮点数类型

浮点数是用来表示小数的，我们平时用的十进制小数也可以在转换成二进制后存储到计算机中。MySQL 提供了 FLOAT 和 DOUBLE 数据类型来存储浮点数，它们占用的存储空间以及表示范围如表 3.6 所示。

表 3.6　浮点数类型占用的存储空间和表示范围

类型	占用的 存储空间	绝对值最小非 0 值	绝对值最大值	含义
FLOAT	4 字节	±1.175494351E-38	±3.402823466E+38	单精度浮点数
DOUBLE	8 字节	±2.2250738585072014E-308	±1.7976931348623157E+308	双精度浮点数

小贴士　　　1.175494351E-38、3.402823466E+38 是科学计数法形式，1.175494351E-38 表示 $1.175494351×10^{-38}$，3.402823466E+38 表示 $3.402823466×10^{38}$。大家可能会对浮点数的底层存储格式有兴趣，但是要完全说清楚则需要非常大的篇幅，而且也偏离了与我们的 MySQL 入门主题，这里大家只需要了解 FLOAT 和 DOUBLE 数据类型的取值范围就好了。

另外需要注意的是，虽然有的十进制小数（比如 1.875）可以很容易地转换成二进制数 1.111，但是更多的小数是无法直接转换成二进制的，比如说 0.3，它转换成的二进制小数就是一个无限小数。但是我们现在只能用 4 字节或者 8 字节来表示这个小数，所以只能进行一些舍入来近似表示。另外，出于设计的原因，浮点数本身就无法表示某些小数。比方说 FLOAT 类型的浮点数是无法表示绝对值小于 1.175494351E-38 的小数的，这也就意味着在表示某些小数时需要进行舍入来近似表示。总而言之，就是使用浮点数表示小数是不精确的。

在定义浮点数类型时，还可以在 FLOAT 或者 DOUBLE 后面跟上两个参数，就像这样：

```
FLOAT(M, D)
DOUBLE(M, D)
```

用户使用的都是十进制小数，如果我们事先知道表中的某个列要存储的小数在一定范围内，就可以使用 FLOAT(M, D) 或者 DOUBLE(M, D) 来限制可以存储到本列中的小数范围。

- M 表示该小数最多包含的有效数字个数。
  注意是有效数字的个数，比方说对于小数 -2.3 来说，有效数字的个数就是 2；对于小数 0.9 来说，有效数字的个数就是 1。

- D 表示该小数保留小数点后十进制数字的个数。

举个例子看一下，设置了 M 和 D 的单精度浮点数的取值范围的变化如表 3.7 所示。

表 3.7 单精度浮点数的取值范围

类型	取值范围
FLOAT(4, 1)	-999.9~999.9
FLOAT(5, 1)	-9999.9~9999.9
FLOAT(6, 1)	-99999.9~99999.9
FLOAT(4, 0)	-9999~9999
FLOAT(4, 1)	-999.9~999.9
FLOAT(4, 2)	-99.99~99.99

可以看到，在 D 相同的情况下，M 越大，该类型的取值范围越大；在 M 相同的情况下，D 越大，该类型的取值范围越小。M 和 D 的最大取值取决于硬件支持的极限，并且 M 必须大于或等于 D。另外，M 和 D 都是可选的，如果省略了它们，则它们会按照硬件支持的最大值来取值。

这里需要特别注意的是，改变 M 和 D 的取值并不会影响 FLOAT 和 DOUBLE 类型占用的存储空间大小。

小贴士　从 MySQL 8.0.17 开始，设计 MySQL 的大叔不再推荐使用 FLOAT(M, D) 以及 DOUBLE(M, D) 的形式，并且可能会在将来的版本中移除对这种形式的支持。所以我们单纯地使用 FLOAT 和 DOUBLE 就好啦。

3.1.3 定点数类型

在某些情况下，我们必须保证所存储的小数是精确的，而浮点数显然不能满足要求。所以设计 MySQL 的大叔提出了一种称为定点数的数据类型，它也是存储小数的一种方式，如表 3.8 所示。

表 3.8 定点数占用的空间和取值范围

类型	占用的存储空间（单位：字节）	取值范围
DECIMAL(M, D)	取决于 M 和 D	取决于 M 和 D

此处的 M 和 D 的含义与浮点数中的含义一样。

M 和 D 对取值范围的影响在前面唠叨浮点数的时候已经介绍过了。但是我们又说单精度浮点数类型 FLOAT(M, D) 占用的字节数一直都是 4 字节，双精度浮点数 DOUBLE(M, D) 占用的字节数一直都是 8 字节，它们占用的存储空间大小并不随着 M 和 D 的值的变动而变动。为啥到了这个所谓的定点数类型 DECIMAL(M, D) 中，它占用的存储空间大小就和 M、D 的取值有关了呢？且听我细细道来。

十进制小数在转换为二进制小数时可能会因为需要舍入操作而变得不精确，定点数为了解决这个问题，采用了如下策略：

将十进制小数用小数点分隔开来，分别把小数点左右的两个十进制整数存储起来。

这样就可以保证小数是精确的。比方说对于十进制小数 2.38，我们可以把这个小数的小数点左右的两个整数（也就是 2 和 38）分别保存起来，这不就相当于保存了一个精确的小数么。这波操作很机智！

精确是精确了，但是使用 DECIMAL(M, D) 数据类型的列需要占用多大的存储空间又成了问题。设计 MySQL 的大叔本着"能少用存储空间就少用存储空间"的原则，采用如下算法为使用 DECIMAL(M, D) 数据类型的列分配存储空间，这里以 DEMCIMAL(16, 4) 为例进行介绍。

- 首先确定小数点左边的整数最多需要存储的十进制位数是 12 位，小数点右边的整数需要存储的十进制位数是 4 位，如图 3.1 所示。

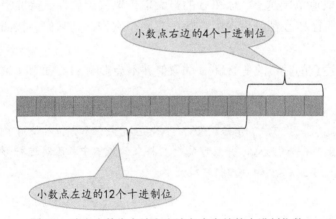

图 3.1   确定小数点左边和右边各自存储的十进制位数

- 从小数点位置出发，将每个整数每隔 9 个十进制位划分为一组，效果如图 3.2 所示。

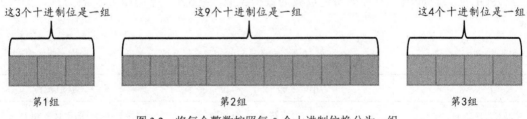

图 3.2   将每个整数按照每 9 个十进制位换分为一组

从图 3.2 中可以看出，如果不足 9 个十进制位，也会被划分成一组（比如第 1 组和第 3 组）。

- 针对每个组中的十进制数字，分别将其转换为二进制数字进行存储。根据组中包含的十进制数字的位数不同，所需的存储空间大小也不同，具体如表 3.9 所示。

表 3.9　十进制数字的位数不同，存储空间的大小也不同

组中包含的十进制位数	占用存储空间大小
1 或 2	1 字节
3 或 4	2 字节
5 或 6	3 字节
7 或 8 或 9	4 字节

所以 DECIMAL(16, 4) 共需要占用 8 字节的存储空间大小，这 8 字节由下面 3 个部分组成：

- 第 1 组包含 3 个十进制位，需要使用 2 字节存储；
- 第 2 组包含 9 个十进制位，需要使用 4 字节存储；
- 第 3 组包含 4 个十进制位，需要使用 2 字节存储。
- 将转换完成的二进制位序列的最高位设置为 1（这一步主要是考虑到别的用途，目前先不用关心）。

这里需要注意的是，一旦 DECIMAL(M, D) 中的 M、D 的值确定了，那么它对应的存储空间的大小就确定了，与使用该类型的列实际存储了什么数据没有关系。我们这里举一个例子，比方说使用定点数类型 DECIMAL(16, 4) 的列存储了一个十进制小数 1234567890.1234。前文提到，DECIMAL(16, 4) 可以被划分为 3 个组：

- 第 1 组占用 2 字节；
- 第 2 组占用 4 字节；
- 第 3 组占用 2 字节。

对于十进制小数 1234567890.1234 来说，它可以被划分为下面 3 个部分：

```
1 234567890 1234
```

那么 DECIMAL(16, 4) 的 3 个组中存储的整数分别如下。

- 第 1 组中存储整数 1。

第 1 组占用 2 字节，用 2 字节表示整数 1 的效果就是下面这样（字节之间实际上没有空格，为了大家理解上的方便，这里加了一个空格）：

```
00000000 00000001
```

二进制看起来太难受，我们还是转换成对应的十六进制看一下（0x 是十六进制的前缀）：

```
0x0001
```

- 第 2 组中存储整数 234567890。

第 2 组占用 4 字节，整数 234567890 对应的十六进制数就是：

```
0x0DFB38D2
```

- 第 3 组中存储整数 1234。

  第 3 组占用 2 字节，整数 1234 对应的十六进制数就是：

  0x04D2

  所以将这些十六进制数字连起来之后就是：

  0x00010DFB38D204D2

最后，还要将这个结果的最高的二进制位设置为 1，所以十进制小数 1234567890.1234 使用定点数类型 DECIMAL(16, 4) 存储时最终占用 8 字节，具体内容为：

0x80010DFB38D204D2

小贴士

　　0x00010DFB38D204D2 的第一个字节为 0x00，对应的二进制形式就是 00000000，将第一个二进制位设置为 1 后就是 10000000，对应的十六进制就是 0x80。

有的同学会问，如果我们想使用定点数类型 DECIMAL(16, 4) 存储一个负数该怎么办？比方说 -1234567890.1234，这时只需要将 0x80010DFB38D204D2 中的每一个二进制位都执行一个取反操作就好，也就得到了下面这个结果：

0x7FFEF204C72DFB2D

从上文的叙述中可以知道，对于 DECIMAL(M, D) 类型来说，给定的 M 和 D 的值不同，所需的存储空间大小也不同。可以看到，与浮点数相比，定点数需要更多的空间来存储数据。所以，如果不需要存储精确的小数，一般使用浮点数来表示就足够了。

对于定点数类型 DECIMAL(M, D) 来说，M 和 D 都是可选的，M 的默认值是 10，D 的默认值是 0，也就是说下列等式是成立的：

```
DECIMAL = DECIMAL(10) = DECIMAL(10, 0)
DECIMAL(M) = DECIMAL(M, 0)
```

另外，M 的值最大为 65，D 的值最大为 30，且 D 的值不能超过 M 的值。

小贴士

　　其实在很多场景中，都可以将小数转换为整数后处理。比方说我们在存储价格数据时，某件商品的价格是 4.99 元，我们只需要将计量单位调整为分，那么 4.99 元就变为了 499 分，这样再使用某个整数类型（比方说 INT）来存储 499 这个整数就好了。

另外，虽然在 FLOAT、DOUBLE、DECIMAL 类型后面添加 UNSIGNED 单词可以拒绝存储负数，但这并不会增加它们所能表示的正数范围。从 MySQL 8.0.17 开始，设计 MySQL 的大叔不推荐在这些类型后面添加 UNSIGNED。

3.2　日期和时间类型

在很多场景中，我们需要表示日期和时间。比如学生基本信息中的入学时间就需要用日期的格式保存。MySQL 提供了多种关于日期和时间的类型，各种类型能表示的范围如表 3.10 所示。

表 3.10　日期和时间类型以及各自表示的取值范围

类型	占用的存储空间	取值范围	含义
YEAR	1 字节	1901~2155	年份值
DATE	3 字节	'1000-01-01' ～ '9999-12-31'	日期值
TIME	3 字节	'-838:59:59' ～ '838:59:59'	时间值
DATETIME	8 字节	'1000-01-01 00:00:00' ～ '9999-12-31 23:59:59'	日期和时间值
TIMESTAMP	4 字节	'1970-01-01 00:00:01' ～ '2038-01-19 03:14:07'	时间戳

在 MySQL 5.6.4 版本之后，TIME、DATETIME、TIMESTAMP 这几种类型添加了对毫秒、微秒的支持。由于毫秒、微秒都不到 1 秒，所以也被称为小数秒，MySQL 最多支持 6 位小数秒的精度（也就是精确到微秒）。

小贴士

1 秒 = 1000 毫秒 = 1000000 微秒

如果想让 TIME、DATETIME、TIMESTAMP 这几种类型支持小数秒，可以这样写（其中的小数秒位数可以在 0、1、2、3、4、5、6 中选择）：

数据类型 (小数秒位数)

比如 DATETIME(0) 表示精确到秒，DATETIME(3) 表示精确到毫秒，DATETIME(5) 表示精确到 10 微秒。

从 MySQL 5.6.4 版本开始，各个日期和时间类型需要的存储空间和取值范围如表 3.11 所示。

表 3.11　从 MySQL 5.6.4 版本开始，日期和时间类型需要的存储空间与取值范围

类型	存储空间要求	取值范围	含义
YEAR	1 字节	1901~2155	年份值
DATE	3 字节	'1000-01-01' ～ '9999-12-31'	日期值
TIME	3 字节 + 小数秒的存储空间	'-838:59:59[.000000]' ～ '838:59:59[.000000]'	时间值
DATETIME	5 字节 + 小数秒的存储空间	'1000-01-01 00:00:00[.000000]' ～ '9999-12-31 23:59:59'[.999999]	日期加时间值
TIMESTAMP	4 字节 + 小数秒的存储空间	'1970-01-01 00:00:01[.000000]' ～ '2038-01-19 03:14:07'[.999999]	时间戳

　　其中，YEAR 和 DATE 所需的存储空间并未改变。由于设计 MySQL 的大叔的背后努力，DATETIME 所需的存储空间被压缩到 5 字节。由于增加了对小数秒的支持，TIME、DATETIME 和 TIMESTAMP 还需要额外增加存储小数秒的存储空间。不过保留的小数秒位数不同，增加的存储空间的大小也不同，如表 3.12 所示。

表 3.12   小数秒位数不同，额外增加的存储空间不同

保留的小数秒位数	额外需要的存储空间
0	0 字节
1 或 2	1 字节
3 或 4	2 字节
5 或 6	3 字节

　　比方说 TIME(1) 支持 1 位小数秒，所需的存储空间就要在 TIME 的基础上再增加 1 字节，也就是 3+1=4 字节。而 TIME(3) 支持 3 位小数秒，所需的存储空间就要在 TIME 的基础上再增加 2 字节，也就是 3+2=5 字节。

　　下面详细看一下这几种日期和时间类型。

3.2.1　YEAR

　　YEAR 类型单纯表示一个年份值，取值范围为 1901 ～ 2155，仅仅占用 1 字节大小。因为可以存储的年份值有限，如果想存储更大范围的年份值，可以不使用 MySQL 自带的 YEAR 类型，而是使用 SMALLINT（2 字节）或者字符串类型。

3.2.2　DATE、TIME 和 DATETIME

　　为了方便展示，下面使用 YYYY、MM、DD、hh、mm、ss、uuuuuu 分别表示年、月、日、时、分、秒、小数秒。

　　顾名思义，DATE 表示日期，格式是 YYYY-MM-DD。

　　TIME 表示时间，格式是 hh:mm:ss[.uuuuuu] 或者 hhh:mm:ss[.uuuuuu]。TIME 不仅可以表示一天中的某个时间，也可以表示某一段时间（某两个时间之间的时间间隔），这就导致 TIME 可能表示的小时数比较大，并且可能为负值。

　　DATETIME 表示日期和时间，格式是 YYYY-MM-DD hh:mm:ss[.uuuuuu]。与 TIME 类型不同的是，DATETIME 中存储的时间必须是一天内的某个时间（也就是小时数必须小于 24）。

3.2.3　TIMESTAMP

　　学过地理的同学肯定知道，全世界被分为 24 个时区，咱们中国横跨多个时区，不过为了简单起见，咱们都是以北京所在的东八区进行计时的。

我们把从 0 号时区的 1970-01-01 00:00:00 开始（也就是东八区的 1970-01-01 08:00:00）到现在所经历的秒数称为时间戳，而 TIMESTAMP 类型就是用来存储时间戳的。

用 TIMESTAMP 存储时间的好处就是，它展示的值可以随着时区的变化而变化。比方说，我们当前在东八区，在把当前的日期和时间 '2021-04-30 22:02:56' 存储到类型为 TIMESTAMP 的列后，如果将当前系统的时区信息调整为东九区，那么看到的时间将会变成 '2021-04-30 23:02:56'。如果使用 DATETIME 类型的列来存储 '2021-04-30 22:02:56' 的话，则不同时区看到的时间都是 '2021-04-30 22:02:56'。

3.3 字符串类型

3.3.1 字符和字符串

字符大致可以分为两种，一种叫可见字符，另一种叫不可见字符。顾名思义，可见字符就是打印出来后能看见的字符。比如 'a'、'b'、' 我 '、'。'……这种人眼能够看见的单个的文字、标点符号、图形符号、数字等这样的东西，我们就称为一个可见字符。不可见字符也好理解，就是打印机或者在黑框框中打印字符的时候有时候需要的空格、换行、制表符啥的，或者在输出某个字符的时候发出的"嘟"的一声，这种我们看不到，只是为了控制输出效果的字符称为不可见字符。字符串就是把字符连起来的样子，比如 'abc'，就是由 'a'、'b'、'c' 这 3 个字符连起来的一个字符串。下面列举了 4 个字符串的例子：

```
'我喜欢你'
'me, too'
'give me a hug'
'么么哒'
```

3.3.2 字符编码简介

在具体分析 MySQL 中各个字符串类型之前，我们一定要先搞明白字符和字节的区别。字符是面向人的概念，字节是面向计算机的概念。如果想在计算机中表示字符，那就需要将该字符与一个特定的字节序列对应起来，这个映射过程称为编码。不幸的是，这种映射关系并不是唯一的，不同的人制作了不同的编码方案。根据表示一个字符使用的字节数量是否是固定的，编码方案可以分为下面两种。

- 固定长度的编码方案。

  表示不同的字符所需要的字节数量是相同的。比方说 ASCII 编码方案采用 1 字节来编码一个字符，UCS2 采用 2 字节来编码一个字符。

- 可变长度的编码方案。

  表示不同的字符所需要的字节数量是不同的。比方说 UTF-8 编码方案采用 1~4 字节来编码一个字符，GB2312 采用 1~2 字节来编码一个字符。

对于不同的字符编码方案来说，同一个字符可能被编码成不同的字节序列。比如同样一个

字符 ' 我 ' ，在 UTF-8 和 GB2312 这两种编码方案下被映射成如下的字节序列。

- UTF-8 编码方案：

  字符 ' 我 ' 被编码成 111001101000100010010001

  共占用 3 字节，用十六进制表示就是 0xE68891。
- GB2312 编码方案：

  字符 ' 我 ' 被编码成 1100111011010010

  共占用 2 字节，用十六进制表示就是 0xCED2。

另外，设计 MySQL 的大叔对编码方案和字符集这两个概念并没做什么区分，也就是说我们之后所讲的 UFT-8 字符集指的就是 UTF-8 编码方案，GB2312 字符集指的也就是 GB2312 编码方案。

> 正宗的 UTF-8 字符集使用 1~4 字节来编码一个字符，不过 MySQL 对 UTF-8 字符集进行了"阉割"，编码一个字符最多使用 3 字节。如果我们在某些情景下需要使用 4 字节来编码字符，可以使用一种称为 utf8mb4 的字符集，它才是正宗的 UTF-8 字符集。

3.3.3 MySQL 的字符串类型

现在可以看一下 MySQL 中提供的各种字符串类型，如表 3.13 所示。

表 3.13 MySQL 中提供的各种字符串类型

类型	最大长度	存储空间要求	含义
CHAR(M)	M 个字符	M×W 字节	固定长度的字符串
VARCHAR(M)	M 个字符	L+1 或 L+2 字节	可变长度的字符串
TINYTEXT	2^8-1 字节	L+1 字节	非常小型的字符串
TEXT	$2^{16}-1$ 字节	L+2 字节	小型的字符串
MEDIUMTEXT	$2^{24}-1$ 字节	L+3 字节	中等大小的字符串
LONGTEXT	$2^{32}-1$ 字节	L+4 字节	大型的字符串

其中，M 代表该数据类型最多能存储的字符数量，L 代表实际向该类型的列中存储的字符串在特定字符集下所占的字节数，W 代表在特定字符集下编码一个字符最多需要的字节数。

接下来看一下各种字符串类型的细节。

1. CHAR(M)

CHAR(M) 中的 M 代表该类型最多可以存储的字符数量。注意，是字符数量，不是字节数量。其中 M 的取值范围是 0~255。如果省略掉 M 的值，那它的默认值就是 1，也就是说 CHAR 和 CHAR(1) 是一个意思。CHAR(0) 是一种特别的类型，它只能存储空字符串 '' 或者 NULL 值（后文会详细介绍啥是 NULL）。

再回头看一眼我们的学生基本信息表，如果你觉得学生的姓名不会超过 5 字符，就可以指定这个姓名列的类型为 CHAR(5)。

CHAR(M) 在不同的字符集下需要的存储空间也是不一样的。假设某个字符集编码一个字符最多需要 W 字节，那么类型 CHAR(M) 占用的存储空间大小就是 M×W 字节。来看下面几种情况。

- 对于采用 ASCII 字符集的 CHAR(5) 类型来说，ASCII 字符集编码一个字符最多需要 1 字节，也就是 M=5、W=1，所以这种情况下该类型占用的存储空间大小就是 5×1 = 5 字节。
- 对于采用 GBK 字符集的 CHAR(5) 类型来说，GBK 字符集编码一个字符最多需要 2 字节，也就是 M=5、W=2，所以这种情况下该类型占用的存储空间大小就是 5×2 = 10 字节。
- 对于采用 UTF-8 字符集的 CHAR(5) 类型来说，UTF-8 字符集编码一个字符最多需要 3 字节，也就是 M=5、W=3，所以这种情况下该类型占用的存储空间大小就是 5×3 = 15 字节。

如果实际存储的字符串在特定字符集编码下占用的字节数不足 M×W，那么剩余的那些存储空间用空格字符（也就是 ' '）补齐。比方说，表的某个列的类型是采用 ASCII 字符集的 CHAR(5) 类型，我们想将字符串 'abc' 存入使用这个类型的列中，其中字符串 'abc' 在 ASCII 字符集下需要使用 3 字节存储，而采用 ASCII 字符集的 CHAR(5) 类型又需要 5 字节的存储空间，那么剩下的 2 字节的存储空间就会存储空格字符 ' ' 的编码。

很显然，对于使用 CHAR(M) 类型的列来说，如果 M 非常大，但我们向该列中存储的字符串非常短时，就会对存储空间造成较大程度的浪费。

小贴士

字符 'a' 在 ASCII 字符集下被编码为 0x61，字符 'b' 在 ASCII 字符集下被编码为 0x62，字符 'c' 在 ASCII 字符集下被编码为 0x63，空格字符被编码为 0x20，所以将字符串 'abc' 存入采用 ASCII 字符集的 CHAR(5) 类型的表属性中时，实际存储的字节序列就是 0x6162632020。

2. VARCHAR(M)

如果表中的某个列需要存储字符串，而且这些字符串长短不一，那么使用 CHAR(M) 可能会浪费很多存储空间。这时，VARCHAR(M) 就可以派上用场了。

VARCHAR(M) 中的 M 也是代表最多可以存储的字符数量，理论上的取值范围是 1~65535。但是 MySQL 中还有一个规定，即表的一行数据（包含多个列）占用的存储空间总共不得超过 65535 字节（注意是字节），也就是说 VARCHAR(M) 类型实际能够容纳的字符数量是小于 65535 的。

VARCHAR(M) 类型占用的存储空间大小不确定，那么在读一个 VARCHAR(M) 类型的列时怎么知道该列占用多少字节呢？答案是：不知道。所以一个 VARCHAR(M) 所对应的存储空间其实是由下面这两部分组成。

- 真正的字符串内容。
  假设真正的字符串在采用特定字符集编码后占用的字节数为 L。
- 占用的字节数。
  假设 VARCHAR(M) 类型采用的字符集编码一个字符最多需要 W 字节，那么：
  - 当 M×W < 256 时，只需要 1 字节来表示占用的字节数。此时整个 VARCHAR(M) 类型需要的存储空间就是 L+1 字节。
  - 当 M×W >= 256 时，需要 2 字节来表示占用的字节数。此时整个 VARCHAR(M) 类型需要的存储空间就是 L+2 字节。

小贴士

1 字节占用 8 比特（位），能表示的最大无符号数就是 255。

我们还以学生的"姓名"列举例子。假设我们给"姓名"列定义的类型为采用 UTF-8 字符集的 VARCHAR(5)，也就是说 M = 5、W = 3。那么 M × W = 5×3 = 15，而 15 < 256，所以只需要 1 字节来表示真实数据占用的字节长度就好了。

对于，莫甘娜，和，狗哥，这两个字符串来说，它们在 UTF-8 字符集下可以编码成如下的样子（由于二进制太长了，这里用十六进制表示）。

'莫甘娜'：0xE88EABE79498E5A89C（共9字节）
'狗哥'：0xE78B97E593A5　（共6字节）

那么这两个字符串的实际存储示意图就是图 3.3 所示的样子。

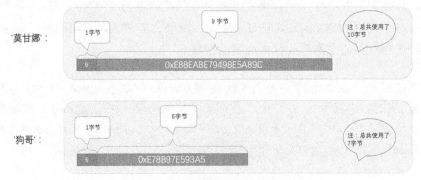

图 3.3　字符串的实际存储示意图

如果我们给"姓名"列定义的类型为采用 UTF-8 字符集的 VARCHAR(100)，也就是说 M = 100、W = 3，所以 M × W= 100×3 = 300，而 300 > 256，所以我们需要 2 字节来表示真实数据占用的字节长度，此时，莫甘娜，和，狗哥，这两个字符串的实际存储示意图就是图 3.4 所示的样子。

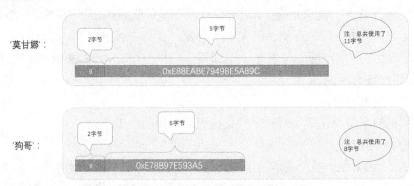

图 3.4　字符串的实际存储示意图

从上面的示例中可以看出，VARCHAR(M) 类型占用的存储空间大小随着实际存储的内容变化而变化。假设实际存储的内容占用的字节长度为 L，那么整个 VARCHAR(M) 类型占用的存储空间大小就是 L+1 或者 L+2 字节。所以我们说 VARCHAR(M) 是一种可变长度的字符串类型，而 CHAR(M) 是一种固定长度的字符串类型。

3. 各种 TEXT 类型

除 VARCHAR(M) 外，设计 MySQL 的大叔给我们提供了 TINYTEXT、TEXT、MEDIUMTEXT、LONGTEXT 这 4 种可以存储可变长度的字符串类型。这些类型占用的存储空间也由实际内容和内容占用的字节长度两部分构成。

- TINYTEXT：最多可以存储 2^8-1 字节的字符串，内容占用的字节长度用 1 字节表示。
- TEXT：最多可以存储 $2^{16}-1$ 字节，内容占用的字节长度用 2 字节表示。
- MEDIUMTEXT：最多可以存储 $2^{24}-1$ 字节，内容占用的字节长度用 3 字节表示。
- LONGTEXT：最多可以存储 $2^{32}-1$ 字节，内容占用的字节长度用 4 字节表示。

大家还记得前面说过这样一个规定么：表的一行数据（包含多个列）占用的存储空间总共不得超过 65535 字节。这个规定对这些 TEXT 类型是不起作用的，它们并不在这个规定的限制范围之内。一个表中如果有的属性需要存储特别长的文本，就可以考虑使用这几个类型了。

3.3.4 ENUM 类型和 SET 类型

视角重新回到我们的学生信息表。其中的"性别"列也需要填写字符串，但是比较特殊的一点是，这一列只能填"男"或者"女"，填别的字符串就尴尬了！针对这种情况，提出了一个名为 ENUM 的类型，也称为枚举类型，它的格式如下：

```
ENUM('str1', 'str2', 'str3' …)
```

对于使用 ENUM 类型的列，该列的值只能在给定的字符串列表中选择其中的一个。比如性别列可以定义成 ENUM('男', '女') 类型，这样性别列的值只能在 '男' 或者 '女' 这两个字符串之间选择一个（相当于一个单选按钮）。

有的时候，某一列的值可以在给定的字符串列表中挑选多个。假设学生的基本信息加了一列兴趣属性，这个属性的值可以从给定的兴趣列表中挑选多个，那我们可以使用 SET 类型，它的格式如下：

```
SET('str1', 'str2', 'str3' …)
```

对于使用 SET 类型的列，该列的值可以在给定的字符串列表中选择一个或多个。比如"兴趣"列可以定义成 SET('打球', '画画', '扯犊子', '玩游戏') 类型，这样"兴趣"列的值可以在（'打球','画画','扯犊子','玩游戏'）中选择一个或多个（相当于一个复选框），效果就像表 3.14 这样。

表 3.14　引入 ENUM 类型和 SET 类型的效果

学号	姓名	…	兴趣
20210101	狗哥	…	'打球','画画'
20210102	猫爷	…	'扯犊子'
20210103	艾希	…	'扯犊子','玩游戏'
20210104	亚索	…	'画画','扯犊子','玩游戏'

综上所述，`ENUM` 和 `SET` 类型都是一种特殊的字符串类型，在从字符串列表中单选或多选元素的时候会用得到它们。

3.4　二进制类型

3.4.1　BIT 类型

有时候我们需要存储单个或者多个二进制位，此时就可以用到表 3.15 所示的这种类型。

表 3.15　存储单个或多个二进制位时用到的类型

类型	占用的存储空间（单位：字节）	含义
BIT(M)	近似为 (M+7)/8	存储 M 个二进制位的值

其中，`M` 的取值范围为 1~64，而且 `M` 可以省略，它的默认值为 1，也就是说 `BIT(1)` 和 `BIT` 的意思是一样的。

前文说过，计算机一般都是以字节为单位来分配存储空间的，一个字节拥有 8 比特（位）。如果我们想存储的比特数不足整数个字节，那么 MySQL 会偷偷地填充满，比方说：

- `BIT(1)` 类型仅仅需要存储 1 比特的数据，但是 MySQL 会为其申请 (1+7)/8 = 1 字节；
- `BIT(9)` 类型仅仅需要存储 7 比特的数据，但是 MySQL 会为其申请 (9+7)/8 = 2 字节。

3.4.2　BINARY(M) 与 VARBINARY(M)

`BINARY(M)` 和 `VARBINARY(M)` 对应于前面提到的 `CHAR(M)` 和 `VARCHAR(M)`，都是前者是固定长度的类型，后者是可变长度的类型，只不过 `BINARY(M)` 和 `VARBINARY(M)` 是用来存放字节的，其中的 `M` 代表该类型最多能存放的字节数量，而 `CHAR(M)` 和 `VARCHAR(M)` 是用来存储字符的，其中的 `M` 代表该类型最多能存放的字符数量。

3.4.3　BLOB 类型

`TINYBLOB`、`BLOB`、`MEDIUMBLOB`、`LONGBLOB` 用于存储可变长度的二进制数据，比如图片、音频、压缩文件啥的。它们很像 `TINYTEXT`、`TEXT`、`MEDIUMTEXT`、`LONGTEXT`，只不过各种 `BLOB` 类型是用来存储字节的，而各种 `TEXT` 类型是用来存储字符的而已。

小贴士　　对于比较大的二进制数据，比方说图片、音频、文件什么的，通常情况下都不直接存储到数据库管理系统中，而是将它们保存到文件系统中，然后在数据库中存放一个文件路径即可。

第4章 数据库的基本操作

在 MySQL 中，一些表的集合称为一个数据库。MySQL 服务器管理着若干个数据库，每个数据库下都可以有若干个表，如图 4.1 所示。

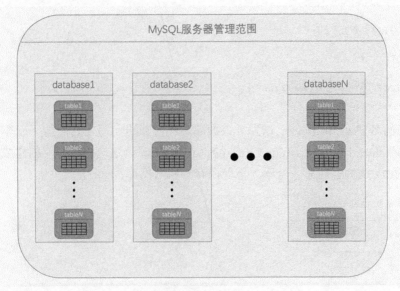

图 4.1 每个数据库都可以包含若干个表

4.1 展示数据库

在刚安装好 MySQL 后，它就已经内建了许多数据库和表了。可以使用下面这个语句来看一下都有哪些数据库：

```
SHOW DATABASES;
```

我自己的计算机上安装的 MySQL 版本是 8.0.17，看一下在这个版本中内建了哪些数据库：

```
mysql> SHOW DATABASES;
+--------------------+
| Database           |
+--------------------+
| information_schema |
| mysql              |
| performance_schema |
```

```
| sys                 |
+---------------------+
4 rows in set (0.01 sec)
```

可以看到，这一版本的 MySQL 内建了 4 个数据库，这些数据库都是 MySQL 内部使用的。
如果我们想使用 MySQL 存放自己的数据，首先需要创建一个属于自己的数据库。

4.2   创建数据库

创建数据库的语法很简单：

```
CREATE DATABASE 数据库名;
```

来实际操作一下：

```
mysql> CREATE DATABASE xiaohaizi;
Query OK, 1 row affected (0.00 sec)
```

这里把我的名字 xiaohaizi 作为了数据库名称。在语句写完之后按下回车键，然后看到
提示 "Query OK, 1 row affected (0.00 sec)"，这说明数据库创建成功了。我们再
使用 SHOW DATABASES 的命令查看一下现在有哪些数据库：

```
mysql> SHOW DATABASES;
+--------------------+
| Database           |
+--------------------+
| information_schema |
| mysql              |
| performance_schema |
| sys                |
| xiaohaizi          |
+--------------------+
5 rows in set (0.00 sec)
```

可以看到，我们自己创建的数据库 xiaohaizi 已经在列表中了。

4.2.1   IF NOT EXISTS

在一个数据库已经存在的情况下，如果再使用 CREATE DATABASE 去创建这个数据库，
则会产生错误：

```
mysql> CREATE DATABASE xiaohaizi;
ERROR 1007 (HY000): Can't create database 'xiaohaizi'; database exists
```

执行结果提示了一个 ERROR，意思是数据库 xiaohaizi 已经存在！所以，如果我们不
清楚数据库是否存在，则可以使用下面的语句来创建数据库：

```
CREATE DATABASE IF NOT EXISTS 数据库名;
```

这个语句的意思是，如果指定的数据库不存在就创建它，否则就什么都不做。我们试一试：

```
mysql> CREATE DATABASE IF NOT EXISTS xiaohaizi;
Query OK, 1 row affected, 1 warning (0.00 sec)
```

可以看到语句执行成功了，提示的 ERROR 也没有了，只是结果中有 1 个 warning（警告），这是 MySQL 在善意地提醒我们"数据库 xiaohaizi 已存在"。

小贴士

> warning 的等级比 ERROR 的等级低，如果在执行某个语句后提示了 warning，这只是一个善意的提示，并不影响语句的执行。可以使用 SHOW WARNINGS 语句来看一下这个 warning 是什么：
>
> ```
> mysql> SHOW WARNINGS\G
> *************************** 1. row ***************************
>   Level: Note
>    Code: 1007
> Message: Can't create database 'xiaohaizi'; database exists
> 1 row in set (0.00 sec)
> ```
>
> 在 SHOW WARNINGS 语句的输出中，Message 行显示了警告的内容，意思是不能创建名为 xiaohaizi 的数据库，原因是这个数据库已经存在了。

4.3 切换默认数据库

对于每一个连接到 MySQL 服务器的客户端来说，都有一个默认数据库的概念，我们之后创建的表都会放到默认数据库中。切换默认数据库的命令也很简单（切换默认数据库的语句可以不用分号结尾，当然加上分号也没问题）：

```
USE 数据库名称
```

在介绍表的基本操作之前，我们应该把默认数据库切换到刚刚创建的数据库 xiaohaizi 中：

```
mysql> USE xiaohaizi
Database changed
```

可以看到"Database changed"字样，这说明默认数据库已经切换成功了。

需要注意的是，在退出当前的客户端之后，也就是在当前客户端执行了 exit 或者 quit 语句之后，当再次调用"mysql -h 主机名 -u 用户名 -p 密码"启动一个新的客户端时，需要重新调用"USE 数据库名称"语句来选择默认数据库。

其实，在新启动客户端并连接服务器时，就可以指定连接建立成功后客户端的默认数据库，只要把数据库名称写在启动客户端的命令"mysql -h 主机名 -u 用户名 -p 密码"后面就好，如下所示：

```
mysql -h localhost -u root -p123456 xiaohaizi
```

这样，当客户端成功连接服务器后，xiaohaizi 就是当前客户端的默认数据库。

4.4　删除数据库

如果我们觉得某个数据库没用了，还可以把它删掉，语法如下：

```
DROP DATABASE 数据库名;
```

在真实的工作环境中，在删除数据库前需要先拿体温计量量自己是不是发高烧了，然后再找至少两个人核实一下自己是不是真的发烧了，最后才敢执行删除数据库的命令。删除数据库就意味着数据库中的表都被删除了，也就意味着你的数据都没了，所以删除数据库是一个极其危险的操作，在确定删除之前一定要慎之又慎。不过由于我们这里是学习环境，而且是刚刚创建的 xiaohaizi 数据库，里面也没有什么表，所以删了就删了吧：

```
mysql> DROP DATABASE xiaohaizi;
Query OK, 0 rows affected (0.01 sec)
```

看一下现在还有哪些数据库：

```
mysql> SHOW DATABASES;
+--------------------+
| Database           |
+--------------------+
| information_schema |
| mysql              |
| performance_schema |
| sys                |
+--------------------+
4 rows in set (0.01 sec)
```

可以看到前面创建的 xiaohaizi 数据库就没有啦。

4.4.1　IF EXISTS

如果某个数据库已经不存在了，我们仍旧调用 DROP TABLE 语句去删除它，则会报错：

```
mysql> DROP DATABASE xiaohaizi;
ERROR 1008 (HY000): Can't drop database 'xiaohaizi'; database doesn't exist
```

如果想避免这种报错，可以使用下面这种形式的语句来删除数据库：

```
DROP DATABASE IF EXISTS 数据库名;
```

再删除一下 xiaohaizi 试试：

```
mysql> DROP DATABASE IF EXISTS xiaohaizi;
Query OK, 0 rows affected, 1 warning (0.00 sec)
```

这次就不会报错啦！

在演示完数据库的删除流程之后，还是把 xiaohaizi 数据库创建出来并将其设置为默认数据库吧，毕竟后面还要在这个数据库中创建各种表呢。

第5章 表的基本操作

在数据库建好之后，就可以创建真正存储数据的表了。

5.1 展示数据库中的表

下面的语句用于展示某个数据库中都包含哪些表：

```
SHOW TABLES FROM 数据库名;
```

当然，如果我们已经选择了默认的数据库，直接使用 SHOW TABLES 语句便会展示默认数据库中都有哪些表。当前的默认数据库是 xiaohaizi，可以使用下面的语句来展示 xiaohaizi 数据库中都有哪些表：

```
mysql> SHOW TABLES;
Empty set (0.00 sec)
```

很抱歉，当前 xiaohaizi 数据库中一个表也没有，所以得到的结果就是 Empty set（空集，即没有表）。我们赶紧在 xiaohaizi 数据库中创建几个表。

5.2 创建表

在创建一个表时，至少需要完成下列事情：

- 给表起个名；
- 给表定义一些列，并且给这些列都起个名；
- 每一个列都需要定义一种数据类型；
- 如果有需要的话，可以给这些列定义相应的属性，比如设置默认值等。至于可以为列设置哪些属性，会在后文详细唠叨。

上述内容也称为表的结构或者表的定义。列有一个别名，称为字段。

5.2.1 基本语法

在 MySQL 中创建表的基本语法是这样的：

```
CREATE TABLE 表名 (
    列名1      数据类型      [列的属性],
    列名2      数据类型      [列的属性],
    ...
    列名n      数据类型      [列的属性]
);
```

也就是说:

- 在 CREATE TABLE 后写清楚要创建的表的名称;
- 然后在小括号中定义这个表的各个列的信息,包括列的名称、列的数据类型,如果有需要,也可以定义这个列的属性(列的属性用中括号引起来,意思是这部分是可选的,也就是可有可无的);
- 列名、数据类型、列的属性之间用空白字符分开就好,然后各个列的信息之间用逗号分隔开。

小贴士　　　我们也可以把这个创建表的语句都放在单行中,上面将建表语句分成多行并且加上缩进仅仅是为了美观而已。

另外,建表语句中的表名或者列名可以放在反引号中,就像这样:

```
CREATE TABLE `表名` (
    `列名1`      数据类型      [列的属性],
    `列名2`      数据类型      [列的属性],
    ...
    `列名n`      数据类型      [列的属性]
);
```

在了解了如何书写建表语句之后,赶紧定义一个超级简单的表瞅瞅:

```
CREATE TABLE first_table (
    first_column INT,
    second_column VARCHAR(100)
);
```

这个表的名称是 first_table,它有两个列:

- 第一个列的名称是 first_column,它的数据类型是 INT,意味着只能存放整数;
- 第二个列的名称是 second_column,它的数据类型是 VARCHAR(100),意味着这个列可以存放长度不超过 100 字符的字符串。

我们在客户端执行一下这个语句(当前的默认数据库是 xiaohaizi):

```
mysql> CREATE TABLE first_table (
    ->     first_column INT,
    ->     second_column VARCHAR(100)
    -> );
Query OK, 0 rows affected (0.02 sec)
```

输出 "Query OK, 0 rows affected (0.02 sec)",这意味着 first_table 表创建成功了,并且耗时 0.02 秒。

5.2.2 为建表语句添加注释

在创建了一个表之后,会遇到下面这两种情况:

- 在进行团队协作时,别人可能需要使用我们创建的表,他们很可能不明白我们创建的表是用来存储什么数据的；

- 对我们自己来说，很有可能在隔了一段时间后也不知道自己创建的表是用来存储什么数据的了。

与人方便，与己方便，我们可以在创建表时使用 COMMENT 语句为表添加注释，语法如下所示：

```
CREATE TABLE 表名 (
    各个列的信息 ...
) COMMENT '表的注释信息';
```

比如我们可以这样写 first_table 表的建表语句：

```
CREATE TABLE first_table (
    first_column INT,
    second_column VARCHAR(100)
) COMMENT '第一个表';
```

注释没必要太长，言简意赅即可，毕竟是给人看的，能让人看明白是啥意思就好了。

5.2.3　创建现实生活中的表

有了创建 first_table 表的经验，我们就可以着手使用 MySQL 把之前提到的学生基本信息表和成绩表创建出来了。先把学生基本信息表搬出来看看，如表 5.1 所示。

表 5.1　学生基本信息表

学号	姓名	性别	身份证号	学院	专业	入学时间
20210101	狗哥	男	158177200301044792	计算机学院	计算机科学与工程	2021-09-01
20210102	猫爷	男	151008200201178529	计算机学院	计算机科学与工程	2021-09-01
20210103	艾希	女	17156320010116959X	计算机学院	软件工程	2021-09-01
20210104	亚索	男	141992200201078600	计算机学院	软件工程	2021-09-01
20210105	莫甘娜	女	181048200008156368	航天学院	飞行器设计	2021-09-01
20210106	赵信	男	197995200201078445	航天学院	电子信息	2021-09-01

很显然，这个表有学号、姓名、性别、身份证号、学院、专业、入学时间这几个列。其中，学号是整数类型的；入学时间是日期类型的；由于身份证号是固定的 18 位，因此可以把身份证号这一列定义成固定长度的字符串类型；性别一列只能填"男"或"女"，所以这里把它定义为 ENUM 类型的；其余各个列都是变长的字符串类型。

看一下创建学生基本信息表的语句：

```
CREATE TABLE student_info (
    number INT,
    name VARCHAR(5),
    sex ENUM('男', '女'),
    id_number CHAR(18),
```

```
    department VARCHAR(30),
    major VARCHAR(30),
    enrollment_time DATE
) COMMENT '学生基本信息表';
```

然后再看一下学生成绩表,如表 5.2 所示。

表 5.2   学生成绩表

学号	科目	成绩
20210101	计算机是怎样运行的	78
20210101	MySQL 是怎样运行的	88
20210102	计算机是怎样运行的	100
20210102	MySQL 是怎样运行的	98
20210103	计算机是怎样运行的	59
20210103	MySQL 是怎样运行的	61
20210104	计算机是怎样运行的	55
20210104	MySQL 是怎样运行的	46

表 5.2 有学号、科目、成绩这几个列。其中,学号和成绩是整数类型的;科目是字符串类型的。可以这样写建表语句:

```
CREATE TABLE student_score (
    number INT,
    subject VARCHAR(30),
    score TINYINT
) COMMENT '学生成绩表';
```

等这几个表创建成功之后,我们使用 SHOW TABLES 语句看一下默认数据库(xiaohaizi 数据库)中有哪些表:

```
mysql> SHOW TABLES;
+---------------------+
| Tables_in_xiaohaizi |
+---------------------+
| first_table         |
| student_info        |
| student_score       |
+---------------------+
3 rows in set (0.01 sec)
```

我们刚才创建的表就都显示出来了。赶紧到自己的客户端中填写这些语句吧。

5.2.4   IF NOT EXISTS

与重复创建数据库一样,如果创建一个已经存在的表,则会报错。我们尝试重复创建一下

first_table 表：

```
mysql> CREATE TABLE first_table (
    ->     first_column INT,
    ->     second_column VARCHAR(100)
    -> ) COMMENT '第一个表';
ERROR 1050 (42S01): Table 'first_table' already exists
```

执行结果提示了一个 ERROR，意思是 first_table 已经存在！如果想要避免这种错误的发生，可以在创建表的时候使用这种形式：

```
CREATE TABLE IF NOT EXISTS 表名(
    各个列的信息 ...
);
```

在建表语句中加入 IF NOT EXISTS 后，如果指定的表名不存在则创建这个表，如果存在就什么都不做。我们使用这种 IF NOT EXISTS 语法再执行一遍创建 first_table 表的语句：

```
mysql> CREATE TABLE IF NOT EXISTS first_table (
    ->     first_column INT,
    ->     second_column VARCHAR(100)
    -> ) COMMENT '第一个表';
Query OK, 0 rows affected, 1 warning (0.00 sec)
```

可以看到语句执行成功了，只是结果中有 1 个 warning 而已。

5.3　删除表

如果我们觉得某个表以后都用不到了，就可以把它删除掉。在真实工作环境中删除表时一定要小心谨慎，失去了可就再也找回不来了。

我们看一下删除表的语法：

```
DROP TABLE 表1, 表2, ..., 表n;
```

也就是说，我们可以同时删除多个表。现在把 first_table 表删掉看看：

```
mysql> DROP TABLE first_table;
Query OK, 0 rows affected (0.01 sec)

mysql> SHOW TABLES;
+--------------------+
| Tables_in_xiaohaizi |
+--------------------+
| student_info       |
| student_score      |
+--------------------+
2 rows in set (0.00 sec)
```

可以看到，现在数据库 xiaohaizi 中没有了 first_table 表，说明删除成功了！

5.3.1　IF EXISTS

如果尝试删除某个不存在的表，则会报错：

```
mysql> DROP TABLE first_table;
ERROR 1051 (42S02): Unknown table 'xiaohaizi.first_table'
```

执行结果提示了一个 ERROR，说明我们要删除的表并不存在，如果想避免报错，可以使用这种删除语法：

```
DROP TABLE IF EXISTS 表名;
```

然后再删除一下不存在的 first_table 表：

```
mysql> DROP TABLE IF EXISTS first_table;
Query OK, 0 rows affected, 1 warning (0.00 sec)
```

这样就不报错了。

不过我们之后还是会用到 first_table 表，还需要大家在自己的数据库中再把这个表创建一遍。

5.4　查看表结构

有时我们可能忘记了自己定义的表的结构，此时可以使用下面这些语句来查看。它们起到的效果是一样的：

```
DESCRIBE 表名;
DESC 表名;
EXPLAIN 表名;
SHOW COLUMNS FROM 表名;
SHOW FIELDS FROM 表名;
```

比如我们看一下 student_info 表的结构：

```
mysql> DESCRIBE student_info;
+-----------------+--------------+------+-----+---------+-------+
| Field           | Type         | Null | Key | Default | Extra |
+-----------------+--------------+------+-----+---------+-------+
| number          | int          | YES  |     | NULL    |       |
| name            | varchar(5)   | YES  |     | NULL    |       |
| sex             | enum('男','女') | YES  |     | NULL    |       |
| id_number       | char(18)     | YES  |     | NULL    |       |
| department      | varchar(30)  | YES  |     | NULL    |       |
| major           | varchar(30)  | YES  |     | NULL    |       |
| enrollment_time | date         | YES  |     | NULL    |       |
+-----------------+--------------+------+-----+---------+-------+
7 rows in set (0.01 sec)
```

可以看到，这个 student_info 表的各个列的名称、类型和属性就都显示出来了。当然我们现在还没有学习过列的属性（第 6 章才会唠叨），所以现在只要查看结果中的 Field 和

Type 列就好了。

如果你看不惯这种以表格的形式展示各个列信息的方式，还可以使用下面这个语句来查看表结构：

```
SHOW CREATE TABLE 表名\G
```

比如：

```
mysql> SHOW CREATE TABLE student_info\G
*************************** 1. row ***************************
       Table: student_info
Create Table: CREATE TABLE `student_info` (
  `number` int DEFAULT NULL,
  `name` varchar(5) DEFAULT NULL,
  `sex` enum('男','女') DEFAULT NULL,
  `id_number` char(18) DEFAULT NULL,
  `department` varchar(30) DEFAULT NULL,
  `major` varchar(30) DEFAULT NULL,
  `enrollment_time` date DEFAULT NULL
) ENGINE=InnoDB DEFAULT CHARSET=utf8mb4 COLLATE=utf8mb4_0900_ai_ci COMMENT='学生基本信息表'
1 row in set (0.00 sec)
```

可以看到，SHOW CREATE TABLE 语句的输出就是我们创建表时填写的语句，而且还为各个列自动添加了一些我们还没有唠叨过的属性（现在不要纠结这些属性的含义，稍后会讲）。

> 　　大家可能有疑问：在表定义末尾的 ENGINE=InnoDB DEFAULT CHARSET=utf8mb4
> COLLATE=utf8mb4_0900_ai_ci 是干什么的。它们是 MySQL 服务器自动给表添加的一些属性，用来指定表的存储引擎、字符集和比较规则。这些内容并不是零基础的小白用户应该学习的内容，有兴趣的同学可以到《MySQL 是怎样运行的：从根儿上理解 MySQL》中去了解。

小贴士

5.5　直接使用某个数据库中的某个表

我们在上面的多个语句中都直接使用了表名，诸如 CREATE TABLE 表名、SHOW CREATE TABLE 表名等。MySQL 服务器会在默认的数据库下寻找给定表名的表，并进行相应的操作。如果现在没有选择默认数据库，或者想使用默认数据库之外的某个数据库下的表，该怎么办呢？这也好办，在表名之前加上相应的数据库名，然后数据库名和表名之间使用句点（.）分隔开就好，就像这样：

```
数据库名.表名
```

比方说，我们想查看 xiaohaizi 数据库下 student_info 表的结构，但是又没有使用 USE xiaohaizi 语句指定默认数据库，此时可以这样写语句：

```
SHOW CREATE TABLE xiaohaizi.first_table\G
```

5.6　修改表

在创建好表之后，如果对表的结构不满意，比如想增加或者删除一列，想修改某一列的数据类型或者属性，或者想对表名或者列名进行重命名等（这些操作统统都算是修改表结构），可以使用 MySQL 提供的一系列修改表结构的语句。

5.6.1　修改表名

我们可以通过下面这两种方式来修改表的名称：

- 方式 1：

```
ALTER TABLE 旧表名 RENAME TO 新表名;
```

我们把 first_table 表的名称修改为 first_table1（默认数据库为 xiaohaizi）：

```
mysql> ALTER TABLE first_table RENAME TO first_table1;
Query OK, 0 rows affected (0.01 sec)
```

来看一下效果：

```
mysql> SHOW TABLES;
+---------------------+
| Tables_in_xiaohaizi |
+---------------------+
| first_table1        |
| student_info        |
| student_score       |
+---------------------+
3 rows in set (0.00 sec)
```

通过 SHOW TABLES 语句可以看到已经改名成功了。

- 方式 2：

```
RENAME TABLE 旧表名1 TO 新表名1, 旧表名2 TO 新表名2, ... 旧表名n TO 新表名n;
```

与方式 1 相比，方式 2 的好处就是它可以在一条语句中修改多个表的名称。这里就不举例了，大家自己测试一下吧。

如果在修改表名的时候指定了数据库名，还可以将该表转移到对应的数据库下。比方说，我们先创建一个数据库 dahaizi：

```
mysql> CREATE DATABASE dahaizi;
Query OK, 1 row affected (0.00 sec)
```

然后把 first_table1 表转移到这个 dahaizi 数据库下：

```
mysql> ALTER TABLE first_table1 RENAME TO dahaizi.first_table1;
Query OK, 0 rows affected (0.01 sec)

mysql> SHOW TABLES FROM dahaizi;
```

```
+-------------------+
| Tables_in_dahaizi |
+-------------------+
| first_table1      |
+-------------------+
1 row in set (0.00 sec)

mysql> SHOW TABLES FROM xiaohaizi;
+--------------------+
| Tables_in_xiaohaizi |
+--------------------+
| student_info       |
| student_score      |
+--------------------+
2 rows in set (0.00 sec)
```

可以看到 first_table1 就从数据库 xiaohaizi 转移到 dahaizi 中了。

我们再用修改表名的方式 2 把该表转移到 xiaohaizi 数据库中，并且将其更名为 first_table：

```
mysql> RENAME TABLE dahaizi.first_table1 TO xiaohaizi.first_table;
Query OK, 0 rows affected (0.00 sec)
```

5.6.2 增加列

我们可以使用下面的语句来增加表中的列：

```
ALTER TABLE 表名 ADD COLUMN 列名 数据类型 [列的属性];
```

比如我们向 first_table 中添加一个名为 third_column 的列，可以这么写（默认数据库是 xiaohaizi）：

```
mysql> ALTER TABLE first_table ADD COLUMN third_column CHAR(4) ;
Query OK, 0 rows affected (0.05 sec)
Records: 0  Duplicates: 0  Warnings: 0

mysql> SHOW CREATE TABLE first_table\G
*************************** 1. row ***************************
       Table: first_table
Create Table: CREATE TABLE `first_table` (
  `first_column` int DEFAULT NULL,
  `second_column` varchar(100) DEFAULT NULL,
  `third_column` char(4) DEFAULT NULL
) ENGINE=InnoDB DEFAULT CHARSET=utf8mb4 COLLATE=utf8mb4_0900_ai_ci COMMENT='第一个表'
1 row in set (0.00 sec)
```

通过查看表的结构可以看到 third_column 列已经添加成功了。

增加列到特定位置

在默认的情况下，新增列都会被放到现有列的最后一列的后面。我们也可以在新增列的时候指定它的位置，常用的方式如下。

● 添加到第一列：

```
ALTER TABLE 表名 ADD COLUMN 列名 列的类型 [列的属性] FIRST;
```

让我们把 `fourth_column` 插入到第一列：

```
mysql> ALTER TABLE first_table ADD COLUMN fourth_column CHAR(4) FIRST;
Query OK, 0 rows affected (0.04 sec)
Records: 0  Duplicates: 0  Warnings: 0

mysql> SHOW CREATE TABLE first_table\G
*************************** 1. row ***************************
       Table: first_table
Create Table: CREATE TABLE `first_table` (
  `fourth_column` char(4) DEFAULT NULL,
  `first_column` int DEFAULT NULL,
  `second_column` varchar(100) DEFAULT NULL,
  `third_column` char(4) DEFAULT NULL
) ENGINE=InnoDB DEFAULT CHARSET=utf8mb4 COLLATE=utf8mb4_0900_ai_ci COMMENT='第一个表'
1 row in set (0.00 sec)
```

可以看到 `fourth_column` 列现在成为 `first_table` 表的第一列。

- 添加到指定列的后面：

    `ALTER TABLE 表名 ADD COLUMN 列名 列的类型 [列的属性] AFTER 指定列名；`

  我们再插入一个 `fifth_column` 到 `first_column` 后面瞅瞅：

```
mysql> ALTER TABLE first_table ADD COLUMN fifth_column CHAR(4) AFTER first_column;
Query OK, 0 rows affected (0.03 sec)
Records: 0  Duplicates: 0  Warnings: 0

mysql> SHOW CREATE TABLE first_table\G
*************************** 1. row ***************************
       Table: first_table
Create Table: CREATE TABLE `first_table` (
  `fourth_column` char(4) DEFAULT NULL,
  `first_column` int DEFAULT NULL,
  `fifth_column` char(4) DEFAULT NULL,
  `second_column` varchar(100) DEFAULT NULL,
  `third_column` char(4) DEFAULT NULL
) ENGINE=InnoDB DEFAULT CHARSET=utf8mb4 COLLATE=utf8mb4_0900_ai_ci COMMENT='第一个表'
1 row in set (0.00 sec)
```

可以看到 `fifth_column` 列插到 `first_column` 列后面了。

小贴士

> 　　估计有小伙伴会想："有没有将新增列放在某个列前面的语法呢？"很遗憾，没有这种语法。不过我们可以变通一下：将 a 列放到 b 列的前面，不就是将 a 列放到 b 列的前一个列的后面么。比方说，我们现在想要向 `first_table` 表新增一个 `sixth_column` 列，并且想把它放到 `third_column` 列的前面，其实就相当于将 `sixth_column` 列放到 `third_column` 列的前一个列，也就是 `second_column` 列的后面，这样就可以用现有的语法来实现这个效果了。

5.6.3 删除列

我们可以使用下面的语句来删除表中的列：

```
ALTER TABLE 表名 DROP COLUMN 列名;
```

我们把刚才向 `first_table` 中添加的几个列都删掉试试：

```
mysql> ALTER TABLE first_table DROP COLUMN third_column;
Query OK, 0 rows affected (0.05 sec)
Records: 0  Duplicates: 0  Warnings: 0

mysql> ALTER TABLE first_table DROP COLUMN fourth_column;
Query OK, 0 rows affected (0.05 sec)
Records: 0  Duplicates: 0  Warnings: 0

mysql> ALTER TABLE first_table DROP COLUMN fifth_column;
Query OK, 0 rows affected (0.04 sec)
Records: 0  Duplicates: 0  Warnings: 0

mysql> SHOW CREATE TABLE first_table\G
*************************** 1. row ***************************
       Table: first_table
Create Table: CREATE TABLE `first_table` (
  `first_column` int DEFAULT NULL,
  `second_column` varchar(100) DEFAULT NULL
) ENGINE=InnoDB DEFAULT CHARSET=utf8mb4 COLLATE=utf8mb4_0900_ai_ci COMMENT='第一个表'
1 row in set (0.00 sec)
```

从结果中可以看出，`third_column`、`fourth_column`、`fifth_column` 这几个列都被删除了。

5.6.4 修改列信息

修改列的信息有下面这两种方式。

- 方式 1：

```
ALTER TABLE 表名 MODIFY 列名 新数据类型 [新属性];
```

我们来修改一下 `first_table` 表的 `second_column` 列，把它的数据类型修改为 VARCHAR(2)：

```
mysql> ALTER TABLE first_table MODIFY second_column VARCHAR(2);
Query OK, 0 rows affected (0.04 sec)
Records: 0  Duplicates: 0  Warnings: 0

mysql> SHOW CREATE TABLE first_table\G
*************************** 1. row ***************************
       Table: first_table
Create Table: CREATE TABLE `first_table` (
  `first_column` int DEFAULT NULL,
  `second_column` varchar(2) DEFAULT NULL
) ENGINE=InnoDB DEFAULT CHARSET=utf8mb4 COLLATE=utf8mb4_0900_ai_ci COMMENT='第一个表'
1 row in set (0.00 sec)
```

可以看到，`second_column` 的数据类型已经被修改为 VARCHAR(2) 了。不过在修改列信息的时候需要注意，修改后的数据类型和属性一定要兼容表中现有的数据！比方说，原先

second_column 列的类型是 VARCHAR(100)，该类型最多能存储 100 个字符，如果表中某行的 second_column 列值为 'aaa'，也就是占用了 3 个字符，此时若尝试使用上面的语句将 second_column 列的数据类型修改为 VARCHAR(2)，则就会报错，因为 VARCHAR(2) 并不能存储 3 个字符。

- 方式 2：

```
ALTER TABLE 表名 CHANGE 旧列名 新列名 新数据类型 [新属性];
```

可以看到在这种修改方式中，需要填两个列名：旧列名和新列名，这也意味着在修改列的数据类型和属性的同时，也可以修改列名！比如我们修改 second_column 的列名为 second_column1：

```
mysql> ALTER TABLE first_table CHANGE second_column second_column1 VARCHAR(2);
Query OK, 0 rows affected (0.04 sec)
Records: 0  Duplicates: 0  Warnings: 0

mysql> SHOW CREATE TABLE first_table\G
*************************** 1. row ***************************
       Table: first_table
Create Table: CREATE TABLE `first_table` (
  `first_column` int DEFAULT NULL,
  `second_column1` varchar(2) DEFAULT NULL
) ENGINE=InnoDB DEFAULT CHARSET=utf8mb4 COLLATE=utf8mb4_0900_ai_ci COMMENT='第一个表'
1 row in set (0.00 sec)
```

可以看到，结果中 second_column 的列名已经被修改为 second_column1。由于我们并没有改动该列的数据类型和属性，所以直接把旧的数据类型和属性抄过来就好了。

修改列的排列位置

如果我们觉得当前列的位置有问题的话，可以使用下面这几条语句进行修改。

- 将某列设为表的第一列：

```
ALTER TABLE 表名 MODIFY 列名 列的类型 列的属性 FIRST;
```

现在表 first_table 各列的顺序依次是 first_column、second_column1。如果想把 second_column1 放在第一列，可以这么写：

```
mysql> ALTER TABLE first_table MODIFY second_column1 VARCHAR(2) FIRST;
Query OK, 0 rows affected (0.02 sec)
Records: 0  Duplicates: 0  Warnings: 0

mysql> SHOW CREATE TABLE first_table\G
*************************** 1. row ***************************
       Table: first_table
Create Table: CREATE TABLE `first_table` (
  `second_column1` varchar(2) DEFAULT NULL,
  `first_column` int DEFAULT NULL
) ENGINE=InnoDB DEFAULT CHARSET=utf8mb4 COLLATE=utf8mb4_0900_ai_ci COMMENT='第一个表'
1 row in set (0.00 sec)
```

可以看到 second_column1 已经成为第一列了！

● 将列放到指定列的后面：

```
ALTER TABLE 表名 MODIFY 列名 列的类型 列的属性 AFTER 指定列名;
```

比方说，我们想把 second_column1 再放到 first_column 后面，可以这么写：

```
mysql> ALTER TABLE first_table MODIFY second_column1 VARCHAR(2) AFTER first_column;
Query OK, 0 rows affected (0.03 sec)
Records: 0  Duplicates: 0  Warnings: 0

mysql> SHOW CREATE TABLE first_table\G
*************************** 1. row ***************************
       Table: first_table
Create Table: CREATE TABLE `first_table` (
  `first_column` int DEFAULT NULL,
  `second_column1` varchar(2) DEFAULT NULL
) ENGINE=InnoDB DEFAULT CHARSET=utf8mb4 COLLATE=utf8mb4_0900_ai_ci COMMENT='第一个表'
1 row in set (0.00 sec)
```

5.6.5 一条语句中包含多个修改操作

如果对同一个表有多个修改操作的话，我们可以把它们放到一条语句中执行，就像这样：

```
ALTER TABLE 表名 操作1, 操作2, ..., 操作n;
```

前文在演示删除列操作的时候，用 3 条语句删了 third_column、fourth_column 和 fifth_column 这 3 个列，其实这 3 条语句可以合并为一条：

```
ALTER TABLE first_table DROP COLUMN third_column, DROP COLUMN fourth_column, DROP COLUMN fifth_column;
```

5.6.6 将 first_table 表恢复成原来的样子

前文以 first_table 表为例介绍了许多关于修改表结构的语句，不过后面还是会用到这个表，所以还得把它恢复成最初的样子（将 second_column1 列重命名为 second_column，并将其类型修改为 VARCHAR(100)）：

```
mysql> ALTER TABLE first_table CHANGE second_column1 second_column VARCHAR(100);
Query OK, 0 rows affected (0.04 sec)
Records: 0  Duplicates: 0  Warnings: 0

mysql> SHOW CREATE TABLE first_table\G
*************************** 1. row ***************************
       Table: first_table
Create Table: CREATE TABLE `first_table` (
  `first_column` int DEFAULT NULL,
  `second_column` varchar(100) DEFAULT NULL
) ENGINE=InnoDB DEFAULT CHARSET=utf8mb4 COLLATE=utf8mb4_0900_ai_ci COMMENT='第一个表'
1 row in set (0.00 sec)
```

第6章 列的属性

上一章唠叨了关于表的一些基本操作，但是忽略了一个非常重要的东西——列的属性。不过在介绍列的属性之前，我们应该先稍微了解一点用来查询表中的记录和向表中插入记录的简单语句。

6.1 简单的查询和插入语句

6.1.1 简单的查询语句

如果我们想查看某个表中已经存储了哪些数据，可以用下面这个语句：

SELECT * FROM 表名;

比如我们想看看前面创建的 `first_table` 表中有哪些数据，可以这么写：

```
mysql> SELECT * FROM first_table;
Empty set (0.01 sec)
```

很遗憾，由于我们还没有向表中插入数据，所以查询结果显示的是"Empty set"，表示什么都没查出来。

6.1.2 简单插入语句

在 MySQL 中插入数据的时候是以行为单位的，一行数据也称为一条记录。插入语句的语法格式如下：

INSERT INTO 表名(列1, 列2, ...) VALUES(列1的值, 列2的值, ...);

也就是说，我们可以在表名后面的括号中指定待插入数据的列，然后在 VALUES 后面的括号中按指定的列顺序填入对应的值。我们来为 `first_table` 表插入第一条记录：

```
mysql> INSERT INTO first_table(first_column, second_column) VALUES(1, 'aaa');
Query OK, 1 row affected (0.01 sec)
```

这条语句的意思是，我们要向 `first_table` 表中插入一条记录，该记录的 `first_column` 列的值是 1，`second_column` 列的值是 'aaa'。现在看一下表中的数据：

```
mysql> SELECT * FROM first_table;
+--------------+---------------+
| first_column | second_column |
```

```
+--------------+---------------+
|            1 | aaa           |
+--------------+---------------+
1 row in set (0.00 sec)
```

第一条记录插入成功！

我们也可以只指定部分的列，没有显式指定的列的值将被设置为 NULL（NULL 的意思就是此列的值尚不确定）。比如可以这样写：

```
mysql> INSERT INTO first_table(first_column) VALUES(2);
Query OK, 1 row affected (0.00 sec)

mysql> INSERT INTO first_table(second_column) VALUES('ccc');
Query OK, 1 row affected (0.00 sec)
```

这两条语句的意思分别是：

- 第一条插入语句只指定了 first_column 列的值是 2，而没有指定 second_column 的值，所以 second_column 的值就是 NULL；
- 第二条插入语句只指定了 second_column 的值是 'ccc'，而没有指定 first_column 的值，所以 first_column 的值就是 NULL。

执行完这两条语句后，再看一下表中的数据：

```
mysql> SELECT * FROM first_table;
+--------------+---------------+
| first_column | second_column |
+--------------+---------------+
|            1 | aaa           |
|            2 | NULL          |
|         NULL | ccc           |
+--------------+---------------+
3 rows in set (0.00 sec)
```

6.1.3　批量插入

MySQL 也提供了批量插入记录的语句：

```
INSERT INTO 表名(列1,列2, ...) VAULES(列1的值, 列2的值, ...), (列1的值, 列2的值, ...), (列1的值, 列2的
值, ...), ...;
```

也就是在原来的单条插入语句后面多写几条记录的内容，然后用逗号分隔开就好了。举个例子：

```
mysql> INSERT INTO first_table(first_column, second_column) VALUES(4, 'ddd'), (5, 'eee'), (6, 'fff');
Query OK, 3 rows affected (0.00 sec)
Records: 3  Duplicates: 0  Warnings: 0

mysql> SELECT * FROM first_table;
+--------------+---------------+
| first_column | second_column |
+--------------+---------------+
|            1 | aaa           |
|            2 | NULL          |
```

```
|          NULL | ccc            |
|             4 | ddd            |
|             5 | eee            |
|             6 | fff            |
+---------------+----------------+
6 rows in set (0.00 sec)
```

可以看到 3 条记录插入成功！

6.2　列的属性

上一章在唠叨表结构的时候说过，表中的每个列都可以有一些属性。至于这些属性是什么，以及在创建表的时候怎么把它们定义出来，就是本章接下来的内容。

我们之后会重新创建 first_table 表并给该表的各个列添加各种属性，因此这里需要先把 first_table 表删掉：

```
mysql> DROP TABLE first_table;
Query OK, 0 rows affected (0.01 sec)
```

6.2.1　默认值

前文刚提到，在书写 INSERT 语句插入记录的时候可以只指定部分的列，那些没有被显式指定的列的值将被设置为 NULL。换一种说法就是，列的默认值为 NULL，NULL 的含义是这个列的值还没有被设置。如果不想让列的默认值为 NULL，而是想设置成某个有意义的值，则可以在定义列的时候给该列增加一个 DEFAULT 属性，就像下面这样：

列名 列的类型 DEFAULT 默认值

比如我们把 first_table 表的 second_column 列的默认值指定为 'abc'，创建一下这个表：

```
mysql> CREATE TABLE first_table (
    ->     first_column INT,
    ->     second_column VARCHAR(100) DEFAULT 'abc'
    -> );
Query OK, 0 rows affected (0.02 sec)
```

然后插入一条记录，再看看为 second_column 列设置的默认值是否起了作用：

```
mysql> INSERT INTO first_table(first_column) VALUES(1);
Query OK, 1 row affected (0.00 sec)

mysql> SELECT * FROM first_table;
+---------------+----------------+
| first_column  | second_column  |
+---------------+----------------+
|             1 | abc            |
+---------------+----------------+
1 row in set (0.00 sec)
```

插入语句并没有指定 second_column 的值，但是从查询结果中可以看到，second_column 列已经被设置为规定的默认值 'abc' 了。

如果不为列设置默认值，其实就相当于为列指定了默认值 NULL。比如 first_table 表并没有设置 first_column 列的默认值，那么它的默认值就是 NULL。也就是说上面的表定义语句和下面这个是等价的：

```
CREATE TABLE first_table (
    first_column INT DEFAULT NULL,
    second_column VARCHAR(100) DEFAULT 'abc'
);
```

从 SHOW CREATE TABLE 语句中也可以看出来（MySQL 自动为 first_column 列添加了 DEFAULT NULL 属性）：

```
mysql> SHOW CREATE TABLE first_table\G
*************************** 1. row ***************************
       Table: first_table
Create Table: CREATE TABLE `first_table` (
  `first_column` int DEFAULT NULL,
  `second_column` varchar(100) DEFAULT 'abc'
) ENGINE=InnoDB DEFAULT CHARSET=utf8mb4 COLLATE=utf8mb4_0900_ai_ci
1 row in set (0.00 sec)
```

6.2.2　NOT NULL

有时我们会要求表中的某些列中必须有值，不能存放 NULL，此时可以给列添加 NOT NULL 属性，语法如下：

列名 列的类型 NOT NULL

比如我们使用 ALTER 语句修改一下 first_table 的结构，给 first_column 列添加一个 NOT NULL 属性：

```
mysql> ALTER TABLE first_table MODIFY first_column INT NOT NULL;
Query OK, 0 rows affected (0.04 sec)
R ecords: 0  Duplicates: 0  Warnings: 0

mysql> SHOW CREATE TABLE first_table\G
*************************** 1. row ***************************
       Table: first_table
Create Table: CREATE TABLE `first_table` (
  `first_column` int NOT NULL,
  `second_column` varchar(100) DEFAULT 'abc'
) ENGINE=InnoDB DEFAULT CHARSET=utf8mb4 COLLATE=utf8mb4_0900_ai_ci
1 row in set (0.00 sec)
```

这样一来，我们就不能再往这个 first_column 列中插入 NULL 了，比如这样：

```
mysql> INSERT INTO first_table(first_column, second_column) VALUES(NULL, 'aaa');
ERROR 1048 (23000): Column 'first_column' cannot be null
```

可以看到报错信息，提示 first_column 列不能存储 NULL。

另外，一旦对某个列添加了 NOT NULL 属性，就意味着这个列不能存储 NULL，也就意味着在书写插入语句时必须显式地指定这个列的值，而不能省略它。比如在执行下面的语句时就会报错：

```
mysql>  INSERT INTO first_table(second_column) VALUES('aaa');
ERROR 1364 (HY000): Field 'first_column' doesn't have a default value
```

可以看到，执行结果提示我们 first_column 并没有设置默认值，所以在使用 INSERT 语句插入记录时不能省略掉这个拥有 NOT NULL 属性的列的值。

6.2.3　主键

有时在表中可以通过某个列或者某些列的列组合来确定一条唯一的记录，我们可以把这个列或者这些列的列组合称为候选键。比如在学生信息表 student_info 中，只要知道某个学生的学号，就可以确定唯一的一个学生的基本信息。当然，也可以通过身份证号来确定唯一的一个学生的基本信息，所以学号和身份证号都可以作为学生信息表的候选键。在学生成绩表 student_score 中，可以通过学号和科目这两个列的列组合来确定唯一的一条成绩记录，所以学号、科目这两个列的列组合可以作为学生成绩表的候选键。

一个表可能有多个候选键，我们可以选择一个候选键作为表的主键。一个表最多只能有一个主键，主键的值不能重复，通过主键可以找到唯一的一条记录。如果我们的表中有定义主键的需求，则可以选用下面这两种方式来指定主键。

- 如果主键只是单个列的话，可以直接在该列后声明 PRIMARY KEY。比如我们把学生信息表 student_info 的"学号"列声明为主键，可以这么写：

```
CREATE TABLE student_info (
    number INT PRIMARY KEY,
    name VARCHAR(5),
    sex ENUM('男', '女'),
    id_number CHAR(18),
    department VARCHAR(30),
    major VARCHAR(30),
    enrollment_time DATE
);
```

- 也可以把主键的声明单独提取出来，用下面这样的形式声明：

```
PRIMARY KEY (列名1, 列名2, ...)
```

然后把这个主键声明放到列定义的后面就好了。比如把 student_info 的"学号"列声明为主键，也可以这么写：

```
CREATE TABLE student_info (
    number INT,
    name VARCHAR(5),
    sex ENUM('男', '女'),
    id_number CHAR(18),
    department VARCHAR(30),
    major VARCHAR(30),
```

```
    enrollment_time DATE,
    PRIMARY KEY (number)
);
```

值得注意的是，对于多个列的列组合作为主键的情况，必须使用下面这种单独声明的形式。比如 student_score 表中 number 和 subject 的列组合作为主键，可以这么写：

```
CREATE TABLE student_score (
    number INT,
    subject VARCHAR(30),
    score TINYINT,
    PRIMARY KEY (number, subject)
);
```

如果在创建表的时候就声明了主键，MySQL 会对待插入的记录进行校验，如果待插入记录的主键值已经在表中存在，那就会报错。

另外，主键列默认具有 NOT NULL 属性，如果填入 NULL 值会报错（先删除原来的 student_info 表，然后使用前面说的两种方式重新创建表，之后再执行下面的语句）：

```
mysql> INSERT INTO student_info(number) VALUES(NULL);
ERROR 1048 (23000): Column 'number' cannot be null
```

6.2.4　UNIQUE 约束

除主键外，有时候我们也希望其他某个列或列组合中存储的值是唯一的。也就是说，当我们向表中插入新记录时，如果新记录中这些列或者列组合的值与表中原有的值重复了，MySQL 也会报错，从而拒绝插入新记录。要想达到这种效果，需要给这些有必要保持唯一性的列或列组合添加 UNIQUE 约束（UNIQUE 约束也可以称为 UNIQUE 键）。

与在建表语句中声明主键的方式类似，为某个列或列组合声明 UNIQUE 约束的方式也有两种。

- 如果想为单个列声明 UNIQUE 约束，可以直接在该列后填写 UNIQUE 或者 UNIQUE KEY。比如在学生信息表 student_info 中，不允许两条学生基本信息记录中的身份证号是一样的，则可以为 id_number 列添加 UNIQUE 约束：

```
CREATE TABLE student_info (
    number INT PRIMARY KEY,
    name VARCHAR(5),
    sex ENUM('男', '女'),
    id_number CHAR(18) UNIQUE,
    department VARCHAR(30),
    major VARCHAR(30),
    enrollment_time DATE
);
```

- 也可以把 UNIQUE 约束的声明单独提取出来，用下面这样的形式声明（中括号中的内容表示可有可无）：

```
UNIQUE [KEY] [约束名称] (列名1, 列名2, ...)
```

有同学会疑惑：约束名称是什么东西？约束可以理解为 MySQL 依照某种规则对待插入的数据进行校验。比方说，给某个列或列组合添加 UNIQUE 约束时，MySQL 需要保证这些具有 UNIQUE 约束的列或列组合中的值不能重复，否则就要向用户报错。主键也算是一种约束。每个约束都可以有一个名字，主键约束的名字就是 PRIMARY，主键约束的名字是 MySQL 默认添加的，而且我们不能修改。但是对于 UNIQUE 约束来说，我们可以自定义它的名称，这个名称就是所谓的约束名称。当然，约束名称也不是必需的，如果我们不给约束起名字的话，MySQL 会默认起一个名字。

比方说，我们可以将对 id_number 列的 UNIQUE 约束起名为 uk_id_number，这样一来，student_info 表的建表语句就得这么写了：

```
CREATE TABLE student_info (
    number INT PRIMARY KEY,
    name VARCHAR(5),
    sex ENUM('男', '女'),
    id_number CHAR(18),
    department VARCHAR(30),
    major VARCHAR(30),
    enrollment_time DATE,
    UNIQUE KEY uk_id_number (id_number)
);
```

值得注意的是，如果想给多个列的列组合添加 UNIQUE 约束，就必须使用这种单独声明的形式，而不能直接在某个列后面添加 UNIQUE 或 UNIQUE KEY。

6.2.5　主键和 **UNIQUE** 约束的对比

主键和 UNIQUE 约束都能保证某个列或者列组合的唯一性，但是：

- 一张表中只能定义一个主键，却可以定义多个 UNIQUE 约束；
- 主键列不允许存放 NULL，而声明了 UNIQUE 约束的列可以存放 NULL，而且 NULL 可以重复地出现在多条记录中；

小贴士

　　为啥声明了 UNIQUE 约束的列还能存放多个 NULL？ NULL 就是这么特殊，因为它并不代表某个具体的值，它只是代表该列中尚未填入值，这一点需要大家注意。

- 如果我们没有给表定义主键，MySQL 会将第一个声明为 NOT NULL 并且具有 UNIQUE 约束的列或列组合自动定义为主键。

  比方说，如果 first_table 的建表语句是这样的：

```
CREATE TABLE first_table (
    first_column INT UNIQUE,
    second_column VARCHAR(100) NOT NULL UNIQUE
);
```

由于 second_column 是第一个既声明为 NOT NULL，又具有 UNIQUE 约束的列，所以 second_column 就会被 MySQL 自动定义为主键。

6.2.6　外键

插入到学生成绩表 student_score 中 number（学号）列中的值必须能在学生基本信息表 student_info 中的 number 列中找到。否则，如果一个学号只在成绩表中出现，而在基本信息表里找不到相应的记录，就相当于插入了不知道是哪个学生的成绩，这显然是荒谬的。为了防止出现这种荒谬的情况，MySQL 提供了外键约束机制。

定义外键的语法是这样的：

```
CONSTRAINT [外键名称] FOREIGN KEY(列1, 列2, ...) REFERENCES 父表名(父列1, 父列2, ...);
```

其中，外键名称也是可选的，它只是一个名字而已，如果我们不自己命名，MySQL 会帮忙命名的。

如果 A 表中的某个列或者某些列依赖于 B 表中的某个列或者某些列，那么就称 A 表为子表，B 表为父表。子表和父表可以使用外键关联起来。在上面的例子中，student_score 表的 number 列依赖于 student_info 的 number 列，所以 student_info 就是一个父表，student_score 就是子表。我们可以在 student_score（子表）的建表语句中定义一个外键：

```
CREATE TABLE student_score (
    number INT,
    subject VARCHAR(30),
    score TINYINT,
    PRIMARY KEY (number, subject),
    CONSTRAINT FOREIGN KEY(number) REFERENCES student_info(number)
);
```

这样，之后每当我们向 student_score 表插入记录的时候，MySQL 都会帮我们检查一下插入的学号是否能在 student_info 表中找到，如果找不到则会报错。

小贴士

　　在 MySQL 中，父表中被子表依赖的列或者列组合必须建立索引。如果该列或者列组合已经是主键或者有 UNIQUE 属性，那么它们也就默认建立了索引。在前面的示例中，student_score 表依赖于 stuent_info 表的 number 列，而 number 列又是 stuent_info 的主键（注意第 5 章定义的 student_info 结构中没有把 number 列定义为主键，本章才将其定义为主键，如果还没有将其定义为主键的话，赶紧修改表结构吧），所以在 student_score 表中创建外键是没问题的。

　　当然，至于什么是索引并不是作为小白的我们需要关心的事，等学完本书之后再去看《MySQL 是怎样运行的：从根儿上理解 MySQL》就懂了。

6.2.7　AUTO_INCREMENT

AUTO_INCREMENT 即"自动增长"的意思，简称为"自增"。我们可以为使用整数类型或浮点数类型的列声明该属性，在之后插入新记录时，可以不显示指定该列的值，MySQL 会自动帮该列生成自动增长的唯一值。为某个列声明 AUTO_INCREMENT 属性的语法如下：

列名 列的类型 AUTO_INCREMENT

比如我们想在 `first_table` 表中定义一个名为 `id` 的列,并把这个列设置为主键,以唯一地标记一条记录,然后让其拥有 AUTO_INCREMENT 属性,可以这么写:

```
mysql> DROP TABLE first_table;
Query OK, 0 rows affected (0.00 sec)

mysql> CREATE TABLE first_table (
    ->     id INT UNSIGNED AUTO_INCREMENT PRIMARY KEY,
    ->     first_column INT,
    ->     second_column VARCHAR(100) DEFAULT 'abc'
    -> );
Query OK, 0 rows affected (0.01 sec)
```

先把原来的表删掉,然后在新表中增加了一个无符号 INT 类型的 `id` 列,把它设置为主键而且具有 AUTO_INCREMENT 属性。当我们在插入新记录时可以忽略掉这个列,该列的值将会递增:

```
mysql> INSERT INTO first_table(first_column, second_column) VALUES(1, 'aaa'), (1, 'bbb'), (1,
'ccc');
Query OK, 3 rows affected (0.01 sec)
Records: 3  Duplicates: 0  Warnings: 0

mysql> SELECT * FROM first_table;
+----+--------------+---------------+
| id | first_column | second_column |
+----+--------------+---------------+
|  1 |            1 | aaa           |
|  2 |            1 | bbb           |
|  3 |            1 | ccc           |
+----+--------------+---------------+
3 rows in set (0.00 sec)
```

可以看到,列 `id` 是从 1 开始递增的。

如果之后在向 `first_table` 表中插入新记录时,显式地指定了声明了 AUTO_INCREMENT 属性的列(也就是 `id` 列)的值,则该列的值以我们显式指定的值为准,比方说:

```
mysql> INSERT INTO first_table VALUES(8, 1, 'ddd');
Query OK, 1 row affected (0.00 sec)

mysql> SELECT * FROM first_table;
+----+--------------+---------------+
| id | first_column | second_column |
+----+--------------+---------------+
|  1 |            1 | aaa           |
|  2 |            1 | bbb           |
|  3 |            1 | ccc           |
|  8 |            1 | ddd           |
+----+--------------+---------------+
4 rows in set (0.00 sec)
```

我们在插入新记录时显式地指定了 `id` 列的值为 8,那么就以显式指定的值为准。

小贴士

　　如果在书写 INSERT 语句时，我们显式地指定了声明为 AUTO_INCREMENT 属性的列的值为 NULL，那么 MySQL 将为该列生成自增值而不是将 NULL 填入该列。

　　如果 NO_AUTO_VALUE_ON_ZERO 的 sql 模式没有开启（当然大家应该不知道啥是 sql 模式，现在只需要知道 NO_AUTO_VALUE_ON_ZERO 的 sql 模式默认没有开启就好了），那么在插入新记录时显式地指定了声明为 AUTO_INCREMENT 属性的列的值为 0 时，MySQL 会为该列生成自增值而不是将 0 填入该列。

值得注意的是，之后插入新记录时，为 id 列生成的值是在当前 id 列的最大值（也就是 8）的基础上加 1 的，而不是在 3 的基础上加 1：

```
mysql> INSERT INTO first_table(first_column, second_column) VALUES(1, 'eee');
Query OK, 1 row affected (0.01 sec)

mysql> SELECT * FROM first_table;
+----+--------------+---------------+
| id | first_column | second_column |
+----+--------------+---------------+
|  1 |            1 | aaa           |
|  2 |            1 | bbb           |
|  3 |            1 | ccc           |
|  8 |            1 | ddd           |
|  9 |            1 | eee           |
+----+--------------+---------------+
5 rows in set (0.00 sec)
```

另外，在为列定义 AUTO_INCREMENT 属性时，需要注意下面几点。

- 一个表中最多有一个具有 AUTO_INCREMENT 属性的列。
- 具有 AUTO_INCREMENT 属性的列必须建立索引。主键和具有 UNIQUE 属性的列会自动建立索引。至于什么是索引，本书并不会唠叨，《MySQL 是怎样运行的：从根儿上理解 MySQL》中才会讲到。
- 拥有 AUTO_INCREMENT 属性的列不能再通过指定 DEFAULT 属性来指定默认值。
- 在日常工作中，AUTO_INCREMENT 一般作为主键的属性，来自动生成唯一标识一条记录的主键值。

6.2.8　列的注释

第 5 章讲到，在建表语句的末尾可以添加 COMMENT 语句来给表添加注释，其实也可以在每一个列的末尾添加 COMMENT 语句来为列来添加注释，比方说：

```
CREATE TABLE first_table (
    id int UNSIGNED AUTO_INCREMENT PRIMARY KEY COMMENT '自增主键',
    first_column INT COMMENT '第一列',
    second_column VARCHAR(100) DEFAULT 'abc' COMMENT '第二列'
) COMMENT '第一个表';
```

6.2.9　显示宽度与 ZEROFILL

下边是正整数 3 的 3 种写法：

- 写法 1: 3
- 写法 2: 003
- 写法 3: 000003

有的同学笑了"这不是多此一举么，我在 3 前边加上 10000 个 0 最终的值也是 3 呀，这有啥用？"提出这类问题的同学肯定没有艺术细胞——它们长的不一样啊，有的数字前面没 0，有的数字前面 0 少，有的数字前面 0 多。可能就会有人觉得在数字前面补一堆 0 会好看呢。

对于无符号整数类型的列，如果想在查询结果中让数字左边补 0，那就得给该列加一个 ZEROFILL 属性。比方说，我们新创建一个名为 zerofill_table 的表：

```
mysql> CREATE TABLE zerofill_table (
    ->        i1 INT UNSIGNED ZEROFILL,
     >        i2 INT UNSIGNED
    ->  );
Query OK, 0 rows affected, 1 warning (0.02 sec)
```

我们在 zerofill_table 表中创建了两个无符号整数列 i1 和 i2，不同的是 i1 列具有 ZEROFILL 属性。下面为这个表插入一条记录：

```
mysql> INSERT INTO zerofill_table(i1, i2) VALUES(1, 1);
Query OK, 1 row affected (0.00 sec)
```

然后使用查询语句展示一下刚才插入的数据：

```
mysql> SELECT * FROM zerofill_table;
+------------+------+
| i1         | i2   |
+------------+------+
| 0000000001 |    1 |
+------------+------+
1 row in set (0.00 sec)
```

对于具有 ZEROFILL 属性的 i1 列，在显示的时候在数字前面补了一堆 0。仔细数一下，总计是 9 个 0。而没有 ZEROFILL 属性的 i2 列，在显示的时候并没有在数字前面补 0。为啥 i1 列前面补了 9 个 0 呢？我们得用 SHOW CREATE TABLE 语句看一下 zerofill_table 表的结构：

```
mysql> SHOW CREATE TABLE zerofill_table\G
*************************** 1. row ***************************
       Table: zerofill_table
Create Table: CREATE TABLE `zerofill_table` (
  `i1` int(10) unsigned zerofill DEFAULT NULL,
  `i2` int unsigned DEFAULT NULL
) ENGINE=InnoDB DEFAULT CHARSET=utf8mb4 COLLATE=utf8mb4_0900_ai_ci
1 row in set (0.00 sec)
```

可以看到，i1 列的类型变为了 INT(10)，括号里的 10 是所谓的显示宽度。在查询结果中，如果整数列声明了 ZEROFILL 属性，且该列的实际值的位数小于显示宽度，那么会在实际值的左侧补 0，从而使得补 0 的位数和实际值的位数相加正好等于显示宽度。因为 i1 列的默认显示宽度为 10，而它的实际值为 1（实际值只有 1 位），所以才需要在左侧补 9 个 0 以达到显示宽度。

我们也可以自己指定显示宽度，比如为 i1 列指定的显示宽度为 5：

```
mysql> ALTER TABLE zerofill_table MODIFY i1 INT(5) UNSIGNED ZEROFILL;
Query OK, 0 rows affected, 2 warnings (0.01 sec)
Records: 0  Duplicates: 0  Warnings: 2

mysql> SELECT * FROM zerofill_table;
+-------+------+
| i1    | i2   |
+-------+------+
| 00001 |    1 |
+-------+------+
1 row in set (0.00 sec)
```

在新创建的表中，i1 字段的显示宽度是 5，所以最后的显示结果中补了 4 个 0。

在使用 ZEROFILL 属性时，还应该注意下面几点。

- 在创建表的时候，如果声明了 ZEROFILL 属性的列没有声明 UNSIGNED 属性，那么 MySQL 会为该列自动生成 UNSIGNED 属性。

  也就是说如果我们的建表语句是这样的：

```
CREATE TABLE zerofill_table (
    i1 INT ZEROFILL,
    i2 INT UNSIGNED
);
```

  MySQL 会自动帮我们为 i1 列加上 UNSIGNED 属性，也就是这样：

```
CREATE TABLE zerofill_table (
    i1 INT UNSIGNED ZEROFILL,
    i2 INT UNSIGNED
);
```

  也就是说 MySQL 现在只支持对无符号整数进行自动补 0 的操作。

- 不同的整数类型有不同的默认显示宽度。

  比如 TINYINT 的默认显示宽度是 4，INT 的默认显示宽度是 11。如果加了 UNSIGNED 属性，则该类型的显示宽度减 1，比如 TINYINT UNSIGNED 的显示宽度是 3，INT UNSIGNED 的显示宽度是 10。

- 显示宽度并不会影响列所需的存储空间以及取值范围。

  以 INT 为例，使用 INT(1) 和 INT(10) 类型的列都需要 4 字节的存储空间，并且存储数值的取值范围也是一样的。比方说 zerofill_table 表中 i1 列的显示宽度是 5，而数字 12345678 的位数是 8，它照样可以被填入 i1 列中：

```
mysql> INSERT INTO zerofill_table(i1, i2) VALUES(12345678, 12345678);
Query OK, 1 row affected (0.01 sec)
```

- 只有列的实际值的位数小于显示宽度时才会在左侧补 0，实际值的位数大于显示宽度时则照原样输出。

  比方说我们刚刚把 12345678 存到了 i1 列中，在展示这个值时，并不会截短显示的数字，而是照原样输出：

```
mysql> SELECT * FROM zerofill_table;
+----------+----------+
| i1       | i2       |
+----------+----------+
|    00001 |        1 |
| 12345678 | 12345678 |
+----------+----------+
2 rows in set (0.00 sec)
```

- 仅对列设置显示宽度，而不声明 ZEROFILL 属性的话，则对查询结果无影响。

小贴士

> 从 MySQL 8.0.17 开始，不推荐对列指定显示宽度以及声明 ZEROFILL 属性。

6.3　查看表结构时的列属性

第 5 章唠叨了一些可以以表格的形式展示表结构的语句，但是当时忽略了关于列属性的一些列，现在再看来一遍 student_info 表的结构：

```
mysql> DESC student_info;
+----------------+----------------+------+-----+---------+-------+
| Field          | Type           | Null | Key | Default | Extra |
+----------------+----------------+------+-----+---------+-------+
| number         | int            | NO   | PRI | NULL    |       |
| name           | varchar(5)     | YES  |     | NULL    |       |
| sex            | enum('男','女')| YES  |     | NULL    |       |
| id_number      | char(18)       | YES  | UNI | NULL    |       |
| department     | varchar(30)    | YES  |     | NULL    |       |
| major          | varchar(30)    | YES  |     | NULL    |       |
| enrollment_time| date           | YES  |     | NULL    |       |
+----------------+----------------+------+-----+---------+-------+
7 rows in set (0.01 sec)
```

可以看到：

- NULL 列代表该列是否可以存储 NULL，值为 NO 时，表示不允许存储 NULL，值为 YES 时，表示可以存储 NULL；
- Key 列存储关于所谓的键的信息，值 PRI 是 PRIMARY KEY 的缩写，代表主键；值 UNI 是 UNIQUE KEY 的缩写，代表 UNIQUE 键；
- Default 列代表该列的默认值；
- Extra 列显示一些额外的信息，比方说如果某个列具有 AUTO_INCREMENT 属性，就会显示在这个列中。

6.4　标识符的命名

比如数据库名、表名、列名、约束名称或者我们之后会遇到的别名、视图名、存储过程名等，这些名称统统称为标识符。虽然 MySQL 对标识符的命名没多少限制，但是却不欢迎下面这几种命名。

- 名称中全都是数字。

  由于在一些 MySQL 语句中也会使用到数字，因此如果你起的名称中全部都是数字，则会让 MySQL 服务器分别不清哪个是名称，哪个是数字。比如名称 1234567 就是非法的。

- 名称中有空白字符。

  MySQL 语句是通过空白字符来分隔各个单词的，比如下面这两行命令是等价的：

```
CREATE DATABASE xiaohaizi;
CREATE    DATABASE   xiaohaizi;
```

  但是如果你定义的名称中有空白字符，则会被 MySQL 当作两个单词去处理，从而造成歧义。比如名称 word1 word2 word3 就是非法的。

- 名称使用了 MySQL 中的保留字。

  比方说 CREATE、DATABASE、INT、DOUBLE、DROP、TABLE 这些单词，都是供 MySQL 内部使用的，称之为保留字。如果在自己定义的名称用到了这些单词也会导致歧义。比如名称 create 就是非法的。

小贴士　　MySQL 的标识符名称只能从 Unicode 的基本多语言平面中选取字符（U+0000 字符除外）。如果大家不清楚啥是 Unicode，啥是基本多语言平面，忽略本小贴士就好了。

虽然某些名称可能会导致歧义，但如果坚持要用，也不是不行，可以使用反引号（`）将你定义的名称引起来，这样 MySQL 服务器就能检测到你提供的是一个名称而不是别的东西。比如说，把上面几个非法的名称加上反引号（`）就变成合法的名称了：

```
`1234567`
`word1 word2    word3`
`create`
```

在上面的表 first_table 的定义中，可以把里面的标识符全都使用反引号（`）引起来，这样语义会更清晰一点：

```
CREATE TABLE `first_table` (
    `id` int UNSIGNED AUTO_INCREMENT PRIMARY KEY,
    `first_column` INT,
    `second_column` VARCHAR(100) DEFAULT 'abc'
);
```

这里需要注意的是，即使是使用反引号将名称引起来，数据库名、表名和列名仍不能以空格字符结尾。

虽然反引号比较强大，但还是建议大家不要起各种非主流的名称，也不要使用全数字、带有空白字符或者 MySQL 保留字的名称。MySQL 是使用 C/C++ 语言实现的，在名称定义上建议还是尽量遵从 C/C++ 语言的规范，即使用小写字母、数字、下划线、美元符号等作为名称。如果有多个单词的话，各个单词之间用下划线进行连接，比如 student_info。

第7章　简单查询

到现在为止，我们已经掌握了数据库的创建、选择和删除语句，表的创建、修改和删除语句以及一些简单的查询和插入记录的语句。但是这些只是一个空架子，对于使用 MySQL 的我们来说，平时使用频率最高的还是查询功能——就是按照我们给定的要求将数据给查出来。从本章开始，我们就要唠叨各种让人眼花缭乱的查询方式了，请认真看，仔细看！这些东西真的非常重要！

7.1　准备工作

既然从本章开始，主题是查询数据，所以先得确定一下查哪个表的数据吧，在确定了要查哪个表之后这个表中先得有数据吧，要不查啥呀。所以我们先得做点准备工作，也就是确定使用哪个表做示例以及往表里填点数据。

7.1.1　用哪个表

简单起见，这里就复用之前在数据库 xiaohaizi 下面创建的学生信息表 student_info 和学生成绩表 student_score。考虑到大家可能忘了这两张表的模样，我们先把这两张表的结构回顾一下。

学生信息表的结构如下所示：

```
CREATE TABLE student_info (
    number INT PRIMARY KEY,
    name VARCHAR(5),
    sex ENUM('男', '女'),
    id_number CHAR(18),
    department VARCHAR(30),
    major VARCHAR(30),
    enrollment_time DATE,
    UNIQUE KEY (id_number)
);
```

学生成绩表的结构如下所示：

```
CREATE TABLE student_score (
    number INT,
    subject VARCHAR(30),
    score TINYINT,
    PRIMARY KEY (number, subject),
    CONSTRAINT FOREIGN KEY(number) REFERENCES student_info(number)
);
```

7.1.2 为表填入数据

我们向这两张表插入一些数据:

```
mysql> INSERT INTO student_info(number, name, sex, id_number, department, major, enrollment_
time) VALUES
    -> (20210101, '狗哥', '男', '1581772003301044792', '计算机学院', '计算机科学与工程', '2021-09-01'),
    -> (20210102, '猫爷', '男', '151008200201178529', '计算机学院', '计算机科学与工程', '2021-09-01'),
    -> (20210103, '艾希', '女', '17156320010116959X', '计算机学院', '软件工程', '2021-09-01'),
    -> (20210104, '亚索', '男', '1419922200201078600', '计算机学院', '软件工程', '2021-09-01'),
    -> (20210105, '莫甘娜', '女', '181048200008156368', '航天学院', '飞行器设计', '2021-09-01'),
    -> (20210106, '赵信', '男', '1979952200201078445', '航天学院', '电子信息', '2021-09-01');
Query OK, 6 rows affected (0.01 sec)
Records: 6  Duplicates: 0  Warnings: 0

mysql> INSERT INTO student_score (number, subject, score) VALUES
    -> (20210101, '计算机是怎样运行的', 78),
    -> (20210101, 'MySQL是怎样运行的', 88),
    -> (20210102, '计算机是怎样运行的', 100),
    -> (20210102, 'MySQL是怎样运行的', 98),
    -> (20210103, '计算机是怎样运行的', 59),
    -> (20210103, 'MySQL是怎样运行的', 61),
    -> (20210104, '计算机是怎样运行的', 55),
    -> (20210104, 'MySQL是怎样运行的', 46);
Query OK, 8 rows affected (0.01 sec)
Records: 8  Duplicates: 0  Warnings: 0
```

现在, 这两张表中的数据如下所示:

```
mysql> SELECT * FROM student_info;
+----------+--------+------+---------------------+------------+--------------------+-----------------+
| number   | name   | sex  | id_number           | department | major              | enrollment_time |
+----------+--------+------+---------------------+------------+--------------------+-----------------+
| 20210101 | 狗哥    | 男    | 1581772003301044792 | 计算机学院   | 计算机科学与工程       | 2021-09-01      |
| 20210102 | 猫爷    | 男    | 151008200201178529  | 计算机学院   | 计算机科学与工程       | 2021-09-01      |
| 20210103 | 艾希    | 女    | 17156320010116959X  | 计算机学院   | 软件工程             | 2021-09-01      |
| 20210104 | 亚索    | 男    | 1419922200201078600 | 计算机学院   | 软件工程             | 2021-09-01      |
| 20210105 | 莫甘娜   | 女    | 181048200008156368  | 航天学院     | 飞行器设计           | 2021-09-01      |
| 20210106 | 赵信    | 男    | 1979952200201078445 | 航天学院     | 电子信息             | 2021-09-01      |
+----------+--------+------+---------------------+------------+--------------------+-----------------+
6 rows in set (0.00 sec)

mysql> SELECT * FROM student_score;
+----------+-------------------+-------+
| number   | subject           | score |
+----------+-------------------+-------+
| 20210101 | MySQL是怎样运行的   |    88 |
| 20210101 | 计算机是怎样运行的   |    78 |
| 20210102 | MySQL是怎样运行的   |    98 |
| 20210102 | 计算机是怎样运行的   |   100 |
| 20210103 | MySQL是怎样运行的   |    61 |
| 20210103 | 计算机是怎样运行的   |    59 |
| 20210104 | MySQL是怎样运行的   |    46 |
| 20210104 | 计算机是怎样运行的   |    55 |
+----------+-------------------+-------+
8 rows in set (0.00 sec)
```

好了，表的填充工作也已经做完了。终于可以开始查询数据了！

7.2　查询单个列

查看某个表中某一列的数据的通用格式是这样：

```
SELECT 列名 FROM 表名;
```

这条语句其实可以分为两个子句。

- SELECT 子句：由"SELECT 列名"组成，表示要查询的列名是什么。
- FROM 子句：由"FROM 表名"组成，表示要查询的表是什么。

比如查看 student_info 表中 number 列的数据，可以这么写：

```
mysql> SELECT number FROM student_info;
+----------+
| number   |
+----------+
| 20210104 |
| 20210102 |
| 20210101 |
| 20210103 |
| 20210105 |
| 20210106 |
+----------+
6 rows in set (0.00 sec)
```

可以看到，查询结果中把所有记录的 number 列都展示了出来。我们也可以把查询结果称为结果集。

　　大家可能发现，结果集中的数据并不是按照 number 列值的大小顺序排序的，稍后会说到如何指定结果集中数据的排序方式，当前少安毋躁。

7.2.1　列的别名

也可以为结果集中的列重新定义一个别名，语句格式如下：

```
SELECT 列名 [AS] 列的别名 FROM 表名;
```

可以看到 AS 被加了个中括号，这意味着可有可无。如果没有 AS，列名和列的别名之间用空白字符隔开就好了。比如我们想给 number 列起个别名，可以使用下面这两种方式：

- 方式 1：

```
SELECT number AS 学号 FROM student_info;
```

- 方式 2：

```
SELECT number 学号 FROM student_info;
```

执行一下看看：

```
mysql> SELECT number AS 学号 FROM student_info;
+----------+
| 学号     |
+----------+
| 20210104 |
| 20210102 |
| 20210101 |
| 20210103 |
| 20210105 |
| 20210106 |
+----------+
6 rows in set (0.00 sec)
```

可以看到，结果集中显示的列名不再是 number，而是我们刚刚定义的别名"学号"了。不过需要注意的是，别名只是在本次查询到的结果集中展示，并不会改变真实表中的列名。在下一次查询中，也可以对 number 列取其他的别名，比如这样：

```
mysql> SELECT number xuehao FROM student_info;
+----------+
| xuehao   |
+----------+
| 20210104 |
| 20210102 |
| 20210101 |
| 20210103 |
| 20210105 |
| 20210106 |
+----------+
6 rows in set (0.00 sec)
```

这次结果集中输出的列名就是另一个别名"xuehao"了。

7.3 查询多个列

如果想查询多个列的数据，可以在 SELECT 子句中写上多个列名，其间用逗号分隔开就好：

```
SELECT 列名1, 列名2, ... 列名n FROM 表名;
```

我们把 SELECT 后面跟随的东西称为查询列表。需要注意的是，查询列表中的列名可以按任意顺序摆放，结果集将按照我们指定的列名顺序显示。比如我们查询 student_info 中的多个列：

```
mysql> SELECT number, name, id_number, major FROM student_info;
+----------+--------+--------------------+------------------+
| number   | name   | id_number          | major            |
+----------+--------+--------------------+------------------+
| 20210101 | 狗哥   | 158177200301044792 | 计算机科学与工程 |
| 20210102 | 猫爷   | 151008200201178529 | 计算机科学与工程 |
| 20210103 | 艾希   | 17156320010116959X | 软件工程         |
| 20210104 | 亚索   | 141992200201078600 | 软件工程         |
```

```
| 20210105 | 莫甘娜  | 181048200008156368 | 飞行器设计          |
| 20210106 | 赵信    | 197995200201078445 | 电子信息            |
+----------+--------+--------------------+------------------+
6 rows in set (0.00 sec)
```

本例中的查询列表就是 number，name，id_number，major，所以结果集中列的顺序就按照这个顺序来显示。当然，也可以用别名来输出这些数据：

```
mysql> SELECT number AS 学号, name AS 姓名, id_number AS 身份证号, major AS 专业 FROM student_info;
+----------+--------+--------------------+------------------+
| 学号     | 姓名    | 身份证号            | 专业              |
+----------+--------+--------------------+------------------+
| 20210101 | 狗哥    | 158177200301044792 | 计算机科学与工程   |
| 20210102 | 猫爷    | 151008200201178529 | 计算机科学与工程   |
| 20210103 | 艾希    | 17156320010116959X | 软件工程          |
| 20210104 | 亚索    | 141992200201078600 | 软件工程          |
| 20210105 | 莫甘娜  | 181048200008156368 | 飞行器设计        |
| 20210106 | 赵信    | 197995200201078445 | 电子信息          |
+----------+--------+--------------------+------------------+
6 rows in set (0.00 sec)
```

如果乐意，同一个列可以在查询列表处重复出现（虽然这通常没什么用），比如这样：

```
mysql> SELECT number, number, number FROM student_info;
+----------+----------+----------+
| number   | number   | number   |
+----------+----------+----------+
| 20210104 | 20210104 | 20210104 |
| 20210102 | 20210102 | 20210102 |
| 20210101 | 20210101 | 20210101 |
| 20210103 | 20210103 | 20210103 |
| 20210105 | 20210105 | 20210105 |
| 20210106 | 20210106 | 20210106 |
+----------+----------+----------+
6 rows in set (0.00 sec)
```

7.4　查询所有列

如果需要把记录中的所有列都查出来，MySQL 也提供了一个省事儿的办法，就是直接用星号（*）来表示要查询的东西（之前也介绍过），就像这样：

```
SELECT * FROM 表名;
```

这个语句在前面章节使用了很多次，就不多唠叨了。

7.5　查询结果去重

7.5.1　去除单列的重复结果

有时我们在查询某个列的数据时会有一些重复的结果。比如我们查询一下 student_

info 表的学院信息:

```
mysql> SELECT department FROM student_info;
+------------+
| department |
+------------+
| 计算机学院  |
| 计算机学院  |
| 计算机学院  |
| 计算机学院  |
| 航天学院    |
| 航天学院    |
+------------+
6 rows in set (0.00 sec)
```

因为表里有 6 条记录,所以返回了 6 条结果。但是其实好多都是重复的结果,如果想去除重复结果,可以将 DISTINCT 放在被查询的列的前面,就像这样:

```
SELECT DISTINCT 列名 FROM 表名;
```

我们对学院信息做一下去重处理:

```
mysql> SELECT DISTINCT department FROM student_info;
+------------+
| department |
+------------+
| 计算机学院  |
| 航天学院    |
+------------+
2 rows in set (0.00 sec)
```

可以看到,结果集中只剩下不重复的数据了。

7.5.2　去除多列的重复结果

对于查询多列的情况,“两条记录重复”的意思就是,两条记录每一个列中的值都相同。比如查询学院和专业信息:

```
mysql> SELECT department, major FROM student_info;
+------------+------------------+
| department | major            |
+------------+------------------+
| 计算机学院  | 计算机科学与工程  |
| 计算机学院  | 计算机科学与工程  |
| 计算机学院  | 软件工程          |
| 计算机学院  | 软件工程          |
| 航天学院    | 飞行器设计        |
| 航天学院    | 电子信息          |
+------------+------------------+
6 rows in set (0.00 sec)
```

结果集中第 1、2 条记录中的 department 和 major 列都相同,所以这两条记录就是重复的,同理,第 3、4 条记录也是重复的。如果想对多列查询的结果去重,可以直接把 DISTINCT

放在被查询的列的最前面：

```
SELECT DISTINCT 列名1, 列名2, ... 列名n  FROM 表名;
```

比如这样：

```
mysql> SELECT DISTINCT department, major FROM student_info;
+------------+--------------------+
| department | major              |
+------------+--------------------+
| 计算机学院 | 计算机科学与工程   |
| 计算机学院 | 软件工程           |
| 航天学院   | 飞行器设计         |
| 航天学院   | 电子信息           |
+------------+--------------------+
4 rows in set (0.00 sec)
```

7.6　限制结果集记录条数

有时，结果集中的记录条数会很多，如果都显示出来可能会撑爆屏幕。MySQL 给我们提供了 LIMIT 子句来限制结果集中的记录条数。LIMIT 子句的语法如下：

```
LIMIT 限制条数;
```

比如我们查询一下 student_info 表，要求结果集中最多只有 2 条记录，此时把 LIMIT 子句放在整个语句的最后面即可：

```
mysql> SELECT number, name, id_number, major FROM student_info LIMIT 2;
+----------+------+--------------------+------------------+
| number   | name | id_number          | major            |
+----------+------+--------------------+------------------+
| 20210101 | 狗哥 | 158177200301044792 | 计算机科学与工程 |
| 20210102 | 猫爷 | 151008200201178529 | 计算机科学与工程 |
+----------+------+--------------------+------------------+
2 rows in set (0.00 sec)
```

上述语句中的 LIMIT 2 指的是从原先结果集（原先结果集中共有 6 条记录）的第 1 条记录开始，共取 2 条记录。那么，我们是否可以不从第 1 条记录开始呢？完全可以通过下面的语法指定从第几条记录开始：

```
LIMIT 偏移量, 限制条数
```

第 1 条记录的偏移量是 0，第 2 条记录的偏移量就是 1，第 3 条记录的偏移量就是 2，第 n 条记录的偏移量就是 $n-1$。

那么如果我们想从原先结果集中的第 3 条记录开始，共取 2 条记录，可以这么写：

```
mysql> SELECT number, name, id_number, major FROM student_info LIMIT 2, 2;
+----------+------+--------------------+----------+
| number   | name | id_number          | major    |
+----------+------+--------------------+----------+
| 20210103 | 艾希 | 17156320010116959X | 软件工程 |
```

```
| 20210104 | 亚索   | 1419922200201078600 | 软件工程  |
+----------+------+---------------------+----------+
2 rows in set (0.00 sec)
```

如果指定的偏移量大于或等于原先结果集中的行数，那么查询结果就是空集：

```
mysql> SELECT number, name, id_number, major FROM student_info LIMIT 6, 1;
Empty set (0.00 sec)
```

7.7　对查询结果排序

我们之前在查询 number 列的时候得到的记录并不是有序的，这是因为 MySQL 服务器在处理查询请求时会考虑效率问题，因此并不是简单地按照记录插入顺序去读取记录，而是采用某些特殊方式来提升查询效率。如果我们想让查询结果中的记录按照某种特定的规则排序，则必须使用 ORDER BY 子句来显式地指定排序规则。

7.7.1　按照单个列的值进行排序

用于指定结果集记录的排序规则的 ORDER BY 子句的语法如下：

ORDER BY 列名 [ASC|DESC]

其中，ASC 和 DESC 指的是排序方向。ASC 是指按照指定列的值进行由小到大的排序，也称为升序，DESC 是指按照指定列的值进行由大到小的排序，也称为降序，中间的 | 表示这两种方式只能选一个。如果 ASC 和 DESC 都不填写，则默认使用 ASC 进行升序排序（也就是说"ORDER BY 列名"和"ORDER BY 列名 ASC"的含义是一样的）。

我们使用 student_score 表测试一下：

```
mysql> SELECT * FROM student_score ORDER BY score;
+----------+-------------------+-------+
| number   | subject           | score |
+----------+-------------------+-------+
| 20210104 | MySQL是怎样运行的   |    46 |
| 20210104 | 计算机是怎样运行的   |    55 |
| 20210103 | 计算机是怎样运行的   |    59 |
| 20210103 | MySQL是怎样运行的   |    61 |
| 20210101 | 计算机是怎样运行的   |    78 |
| 20210101 | MySQL是怎样运行的   |    88 |
| 20210102 | MySQL是怎样运行的   |    98 |
| 20210102 | 计算机是怎样运行的   |   100 |
+----------+-------------------+-------+
8 rows in set (0.01 sec)
```

可以看到，输出的记录就是按照成绩由低到高进行排序的。

再看一下按照成绩由高到低排序的样子：

```
mysql> SELECT * FROM student_score ORDER BY score DESC;
+----------+-------------------+-------+
| number   | subject           | score |
+----------+-------------------+-------+
```

```
| 20210102 | 计算机是怎样运行的     |   100 |
| 20210102 | MySQL是怎样运行的     |    98 |
| 20210101 | MySQL是怎样运行的     |    88 |
| 20210101 | 计算机是怎样运行的     |    78 |
| 20210103 | MySQL是怎样运行的     |    61 |
| 20210103 | 计算机是怎样运行的     |    59 |
| 20210104 | 计算机是怎样运行的     |    55 |
| 20210104 | MySQL是怎样运行的     |    46 |
+----------+--------------------+-------+
8 rows in set (0.00 sec)
```

7.7.2   按照多个列的值进行排序

我们也可以同时指定多个排序的列，多个排序列之间用逗号隔开就好了，就是这样：

```
ORDER BY 列1 [ASC|DESC], 列2 [ASC|DESC] ...
```

比如我们对 student_score 表进行查询，想让结果集中的记录先按照 subject 升序排序，对于 subject 列值相同的记录，再按照 score 值降序排序，可以这么写：

```
mysql> SELECT * FROM student_score ORDER BY subject, score DESC;
+----------+--------------------+-------+
| number   | subject            | score |
+----------+--------------------+-------+
| 20210102 | MySQL是怎样运行的     |    98 |
| 20210101 | MySQL是怎样运行的     |    88 |
| 20210103 | MySQL是怎样运行的     |    61 |
| 20210104 | MySQL是怎样运行的     |    46 |
| 20210102 | 计算机是怎样运行的     |   100 |
| 20210101 | 计算机是怎样运行的     |    78 |
| 20210103 | 计算机是怎样运行的     |    59 |
| 20210104 | 计算机是怎样运行的     |    55 |
+----------+--------------------+-------+
8 rows in set (0.00 sec)
```

再提醒一遍，如果不指定 ASC 和 DESC，则默认使用的是 ASC，也就是由小到大的升序进行排序。

小贴士

数字可以比较大小，因此对数字进行排序还是很好理解的。但是，也可以对字符串排序吗？难道说字符串也可以比较大小吗？是的，字符串的确可以比较大小。比较两个字符串的大小其实就相当于依次比较每个字符的大小，具体就是：

● 先比较字符串的第一个字符，第一个字符小的那个字符串就比较小；

● 如果两个字符串的第一个字符相同，再比较第二个字符，第二个字符比较小的那个字符串就比较小；

● 如果两个字符串的前两个字符都相同，那就接着比较第三个字符；依此类推。

而两个字符谁大谁小是人们事先规定好的，叫作字符的比较规则。当然，不像数字，1 肯定比 2 小，不同的人对两个字符谁大谁小可能有不同的见解。比方说有的人觉得大写的字符 'A' 和小写的字符 'a' 是一样大的，有的人觉得不一样大，所以人们制定了许多不同的比较规则以满足不同的需求。对于字符的比较规则大家了解一下即可，更深入的内容可以到《MySQL 是怎样运行的：从根儿上理解 MySQL》一书中查看。

我们还可以结合使用 ORDER BY 子句和 LIMIT 子句，不过 ORDER BY 子句必须放在 LIMIT 子句前面，比如这样：

```
mysql> SELECT * FROM student_score ORDER BY score LIMIT 1;
+----------+-------------------+-------+
| number   | subject           | score |
+----------+-------------------+-------+
| 20210104 | MySQL是怎样运行的  |    46 |
+----------+-------------------+-------+
1 row in set (0.00 sec)
```

这样就能找出成绩最低的那条记录了。

第8章　带搜索条件的查询

前文介绍的 student_info、student_score 表中的记录都很少，但是实际应用中的表中可能存储几千万条，甚至上亿条记录。而且我们通常并不是对所有的记录都感兴趣，只是想查询符合某些条件的那些记录。比如说，我们只想查询名字为"狗哥"的学生的基本信息，或者计算机学院的学生都有哪些。这些条件也称为搜索条件或者过滤条件，当某条记录符合搜索条件时，它将被放入结果集中。

8.1　简单搜索条件

我们需要把搜索条件放在 WHERE 子句中，然后将 WHERE 子句放到 FROM 子句的后面。

比如我们想查询 student_info 表中名字是"狗哥"的学生的一些信息，可以这么写：

```
mysql> SELECT number, name, id_number, major FROM student_info WHERE name = '狗哥';
+----------+------+--------------------+------------------+
| number   | name | id_number          | major            |
+----------+------+--------------------+------------------+
| 20210101 | 狗哥 | 1581772003010144792 | 计算机科学与工程 |
+----------+------+--------------------+------------------+
1 row in set (0.01 sec)
```

在这个例子中，搜索条件就是 name = '狗哥'，也就是当记录中 name 列的值是 '狗哥' 的时候，该条记录的 number、name、id_number、major 这些字段才可以放入结果集。

其中，搜索条件 name = '狗哥' 中的 = 称为等于运算符，是比较运算符中的一种。除了 = 之外，设计 MySQL 的大叔还提供了很多别的比较运算符，具体如表 8.1 所示。

表 8.1　各种比较运算符

运算符	示例	描述
=	a = b	a 等于 b
<=>	a <=> b	a 等于 b（<=> 称之为 NULL 值安全等于运算符，将在下一章介绍）
<> 或者 !=	a <> b	a 不等于 b
<	a < b	a 小于 b

续表

运算符	示例	描述
<=	a <= b	a 小于或等于 b
>	a > b	a 大于 b
>=	a >= b	a 大于或等于 b
BETWEEN	a BETWEEN b AND c	a 的值必须满足 b <= a <= c
NOT BETWEEN	a NOT BETWEEN b AND c	a 的值必须不满足 b <= a <= c

通过这些比较运算符可以组成搜索条件，满足搜索条件的记录将会被放入结果集中。下面举几个例子。

- 查询学号大于 20210103 的学生信息，可以这么写：

```
mysql> SELECT number, name, id_number, major FROM student_info WHERE number > 20210103;
+----------+--------+--------------------+------------+
| number   | name   | id_number          | major      |
+----------+--------+--------------------+------------+
| 20210104 | 亚索   | 1419922200201078600 | 软件工程    |
| 20210105 | 莫甘娜 | 1810482200008156368 | 飞行器设计  |
| 20210106 | 赵信   | 1979952200201078445 | 电子信息    |
+----------+--------+--------------------+------------+
3 rows in set (0.01 sec)
```

- 查询专业不是"计算机科学与工程"的一些学生信息，可以这么写：

```
mysql> SELECT number, name, id_number, major FROM student_info WHERE major != '计算机科学与工程';
+----------+--------+--------------------+------------+
| number   | name   | id_number          | major      |
+----------+--------+--------------------+------------+
| 20210103 | 艾希   | 17156320010116959X | 软件工程    |
| 20210104 | 亚索   | 1419922200201078600 | 软件工程    |
| 20210105 | 莫甘娜 | 1810482200008156368 | 飞行器设计  |
| 20210106 | 赵信   | 1979952200201078445 | 电子信息    |
+----------+--------+--------------------+------------+
4 rows in set (0.00 sec)
```

- 查询学号在 20210102~20210104 的学生信息，可以这么写：

```
mysql> SELECT number, name, id_number, major FROM student_info WHERE number BETWEEN
20210102 AND 20210104;
+----------+------+--------------------+------------------+
| number   | name | id_number          | major            |
+----------+------+--------------------+------------------+
| 20210102 | 猫爷 | 1510082200201178529 | 计算机科学与工程  |
| 20210103 | 艾希 | 17156320010116959X | 软件工程          |
| 20210104 | 亚索 | 1419922200201078600 | 软件工程          |
+----------+------+--------------------+------------------+
3 rows in set (0.00 sec)
```

- 查询学号不在 20210102~20210104 区间内的所有学生信息，可以这么写：

```
mysql> SELECT number, name, id_number, major FROM student_info WHERE number NOT BETWEEN
20210102 AND 20210104;
+----------+--------+--------------------+------------------+
| number   | name   | id_number          | major            |
+----------+--------+--------------------+------------------+
| 20210101 | 狗哥   | 158177200301044792 | 计算机科学与工程 |
| 20210105 | 莫甘娜 | 181048200008156368 | 飞行器设计       |
| 20210106 | 赵信   | 197995200201078445 | 电子信息         |
+----------+--------+--------------------+------------------+
3 rows in set (0.00 sec)
```

8.2　匹配列表中的元素

在日常生活中，经常会有指定某一列的值是否在某个列表中的搜索条件。IN 运算符可以解决这个问题，如表 8.2 所示。

表 8.2　IN 运算符

运算符	示例	描述
IN	a IN (b1, b2, ...)	a 是 b1, b2,… 中的某一个
NOT IN	a NOT IN (b1, b2, ...)	a 不是 b1, b2,… 中的任意一个

比如我们想查询"软件工程"和"飞行器设计"专业的学生信息，可以这么写：

```
mysql> SELECT number, name, id_number, major FROM student_info WHERE major IN ('软件工程', '飞
行器设计');
+----------+--------+--------------------+------------+
| number   | name   | id_number          | major      |
+----------+--------+--------------------+------------+
| 20210103 | 艾希   | 17156320010116959X | 软件工程   |
| 20210104 | 亚索   | 141992200201078600 | 软件工程   |
| 20210105 | 莫甘娜 | 181048200008156368 | 飞行器设计 |
+----------+--------+--------------------+------------+
3 rows in set (0.00 sec)
```

如果想查询不是这两个专业的学生的信息，可以这么写：

```
mysql> SELECT number, name, id_number, major FROM student_info WHERE major NOT IN ('软件工程',
'飞行器设计');
+----------+------+--------------------+------------------+
| number   | name | id_number          | major            |
+----------+------+--------------------+------------------+
| 20210101 | 狗哥 | 158177200301044792 | 计算机科学与工程 |
| 20210102 | 猫爷 | 151008200201178529 | 计算机科学与工程 |
| 20210106 | 赵信 | 197995200201078445 | 电子信息         |
+----------+------+--------------------+------------------+
3 rows in set (0.00 sec)
```

8.3 匹配 NULL

前面说过，为某一列填入 NULL 意味着这一列的值尚未确定。在判断某一列的值是否为 NULL 的时候，并不能单纯地使用 = 运算符，而是需要使用专门判断列是否是 NULL 的运算符，具体如表 8.3 所示。

表 8.3 NULL 运算符的使用

运算符	示例	描述
IS NULL	a IS NULL	a 的值是 NULL
IS NOT NULL	a IS NOT NULL	a 的值不是 NULL

比如我们想看一下 student_info 表中 name 列是 NULL 的学生记录有哪些，可以这么写：

```
mysql> SELECT number, name, id_number, major FROM student_info WHERE name IS NULL;
Empty set (0.00 sec)
```

由于所有记录的 name 列的值都不是 NULL，所以得到的结果集是空的。我们看一下下面这个语句，它用来查询 name 列的值不是 NULL 的记录：

```
mysql> SELECT number, name, id_number, major FROM student_info WHERE name IS NOT NULL;
+----------+--------+-------------------+-------------------+
| number   | name   | id_number         | major             |
+----------+--------+-------------------+-------------------+
| 20210101 | 狗哥   | 158177200301044792 | 计算机科学与工程   |
| 20210102 | 猫爷   | 151008200201178529 | 计算机科学与工程   |
| 20210103 | 艾希   | 17156320010116959X | 软件工程          |
| 20210104 | 亚索   | 141992200201078600 | 软件工程          |
| 20210105 | 莫甘娜 | 181048200008156368 | 飞行器设计        |
| 20210106 | 赵信   | 197995200201078445 | 电子信息          |
+----------+--------+-------------------+-------------------+
6 rows in set (0.00 sec)
```

name 列的值不是 NULL 的记录就被查询出来啦！

再次强调一遍，不能直接使用普通的运算符来与 NULL 值进行比较，必须使用 IS NULL 或者 IS NOT NULL。

8.4 多个搜索条件

前面介绍的都是指定单个搜索条件的查询，我们也可以在一个查询语句中指定多个搜索条件。

8.4.1　AND 运算符

在给定多个搜索条件的时候，有时需要某条记录在符合所有搜索条件的时候才将其加入结果集中，这种情况下可以使用 AND 运算符来连接多个搜索条件。比如我们想从 student_score 表中找出科目为"MySQL 是怎样运行的"并且成绩大于 75 分的记录，可以这么写：

```
mysql> SELECT * FROM student_score WHERE subject = 'MySQL是怎样运行的' AND score > 75;
+----------+--------------------+-------+
| number   | subject            | score |
+----------+--------------------+-------+
| 20210101 | MySQL是怎样运行的    |    88 |
| 20210102 | MySQL是怎样运行的    |    98 |
+----------+--------------------+-------+
2 rows in set (0.00 sec)
```

其中的 subject = 'MySQL 是怎样运行的 ' 和 score > 75 是两个小的搜索条件，我们使用 AND 运算符把这两个小的搜索条件连接起来组合成一个大的搜索条件，表示只有两个小的搜索条件都满足的记录才会加入到结果集。

8.4.2　OR 运算符

在给定多个搜索条件的时候，有时需要某条记录只需符合某一个搜索条件就将其加入结果集中，这种情况下可以使用 OR 运算符来连接多个搜索条件。比如我们想从 student_score 表中找出成绩大于 95 分或者小于 55 分的记录，可以这么写：

```
mysql> SELECT * FROM student_score WHERE score > 95 OR score < 55;
+----------+--------------------+-------+
| number   | subject            | score |
+----------+--------------------+-------+
| 20210102 | MySQL是怎样运行的    |    98 |
| 20210102 | 计算机是怎样运行的    |   100 |
| 20210104 | MySQL是怎样运行的    |    46 |
+----------+--------------------+-------+
3 rows in set (0.00 sec)
```

8.4.3　更复杂的搜索条件的组合

有时我们需要在某个查询中指定很多的搜索条件。比方说我们想从 student_score 表中找出课程为"MySQL 是怎样运行的"，并且成绩大于 95 分或者小于 55 分的记录，可能会这么写：

```
mysql> SELECT * FROM student_score WHERE score > 95 OR score < 55 AND subject = 'MySQL是怎样运行的';
+----------+--------------------+-------+
| number   | subject            | score |
+----------+--------------------+-------+
| 20210102 | MySQL是怎样运行的    |    98 |
| 20210102 | 计算机是怎样运行的    |   100 |
```

```
| 20210104 | MySQL是怎样运行的   |    46 |
+----------+-------------------+-------+
3 rows in set (0.00 sec)
```

为什么结果中仍然会有"计算机是怎样运行的"课程的记录呢？这是因为 AND 运算符的优先级高于 OR 运算符，也就是说在判断某条记录是否符合条件时，会先检测 AND 运算符两边的搜索条件。所以

```
score > 95 OR score < 55 AND subject = 'MySQL是怎样运行的'
```

可以被看作下面这两个条件中的任一条件成立，则整个式子成立：

- `score > 95`
- `score < 55 AND subject = 'MySQL 是怎样运行的'`

因为结果集中 subject 是"计算机是怎样运行的"的记录中 score 值为 100，符合第一个条件，所以整条记录会被加到结果集中。

为了避免这种尴尬，在一个查询中有多个搜索条件时，最好使用小括号来显式地指定各个搜索条件的检测顺序。比如最开始的需求可以使用下面这个语句来实现：

```
mysql> SELECT * FROM student_score WHERE (score > 95 OR score < 55) AND subject = 'MySQL是怎样运行的';
+----------+-------------------+-------+
| number   | subject           | score |
+----------+-------------------+-------+
| 20210102 | MySQL是怎样运行的   |    98 |
| 20210104 | MySQL是怎样运行的   |    46 |
+----------+-------------------+-------+
2 rows in set (0.00 sec)
```

8.5 通配符

有时候我们的搜索条件是比较模糊的，比方说我们只想看看姓"狗"的学生信息，而不能精确地描述出这些狗姓同学的完整姓名。这种查询称为为模糊查询。MySQL 使用表 8.4 所示的这两个运算符来支持模糊查询：

表 8.4 支持模糊查询的两个运算符

运算符	示例	描述
LIKE	a LIKE b	a 匹配 b
NOT LIKE	a NOT LIKE b	a 不匹配 b

既然我们不能完整描述要查询的信息，那就用某个符号来替代这些模糊的信息，这个符号就称为通配符。MySQL 支持下面这两个通配符。

- `%`：代表任意数量的字符，0 个字符也可以。

比方说，我们想查询 student_info 表中 name 以"狗"开头的记录，可以这样写：

```
mysql> SELECT number, name, id_number, major FROM student_info WHERE name LIKE '狗%';
+----------+--------+--------------------+---------------------+
| number   | name   | id_number          | major               |
+----------+--------+--------------------+---------------------+
| 20210101 | 狗哥   | 158177200301044792 | 计算机科学与工程    |
+----------+--------+--------------------+---------------------+
1 row in set (0.00 sec)
```

或者我们只知道学生名字里边包含了一个"甘"字，可以这样写：

```
mysql> SELECT number, name, id_number, major FROM student_info WHERE name LIKE '%甘%';
+----------+--------+--------------------+------------+
| number   | name   | id_number          | major      |
+----------+--------+--------------------+------------+
| 20210105 | 莫甘娜 | 181048200008156368 | 飞行器设计 |
+----------+--------+--------------------+------------+
1 row in set (0.00 sec)
```

- _ ：代表任意一个字符。

  有时候我们知道要查询的字符串中有多少个字符，而使用 % 进行匹配的范围太大，此时就可以使用通配符 _。通配符 _ 有点像支付宝中的万能福卡，一张万能福卡能且只能代表任意一张福卡（也就是它不能代表多张福卡）。

  比方说，我们想查询姓"赵"，并且姓名只有 2 个字符的记录，可以这么写：

```
mysql> SELECT number, name, id_number, major FROM student_info WHERE name LIKE '赵_';
+----------+--------+--------------------+----------+
| number   | name   | id_number          | major    |
+----------+--------+--------------------+----------+
| 20210106 | 赵信   | 197995200201078445 | 电子信息 |
+----------+--------+--------------------+----------+
1 row in set (0.00 sec)
```

不过下面这个查询却什么都没有查到：

```
mysql> SELECT number, name, id_number, major FROM student_info WHERE name LIKE '莫_';
Empty set (0.00 sec)
```

这是因为一个 _ 只能代表一个字符（% 是代表任意数量的字符），并且 student_info 表中并没有姓"莫"并且姓名长度是 2 个字符的记录（"莫甘娜"共有 3 个字符），所以这么写是查不出东西的。

小贴士

> 通配符不能代表 NULL，如果需要匹配 NULL，则需要使用 IS NULL 或者 IS NOT NULL。

8.5.1　转义通配符

如果待匹配的字符串中本身就包含普通字符 '%' 或者 '_' 该咋办，怎么区分它是一个通配符，还是一个普通字符呢？

答案是，如果匹配字符串中包含普通字符 '%' 或者 '_' 的话，需要在它们前面加一个反斜杠（\）来和通配符区分开来，也就是说：

● '\%' 代表普通字符 '%'；

● '_' 代表普通字符 '_'。

比方说这样：

```
mysql> SELECT number, name, id_number, major FROM student_info WHERE name LIKE '狗\_';
Empty  set (0.00 sec)
```

由于 student_info 表中没有叫"狗_"的学生，所以结果集为空集。

第9章 表达式和函数

9.1 表达式

学过小学数学的我们应该知道，将数字和运算符连接起来的组合称之为表达式，比方说这样：

```
1 + 1
5 * 8
```

我们可以将其中的数字称为操作数，将运算符号称为运算符。特殊地，单个操作数也可以被看作是一个表达式。

MySQL 中也有表达式的概念，只不过操作数和运算符的含义有了扩充。

下面详细看一下。

9.1.1 操作数

在 MySQL 中，最常用的操作数有下面这几种。

- 常数

  常数很好理解，我们平时用到的数字、字符串、时间值什么的都可以称为常数。它是一个确定的值，比如数字 1、字符串 'abc'、日期和时间值 2021-08-16 17:10:43 啥的，都是常数。

- 列名

  针对某个具体的表，它的列名可以被当作表达式的一部分。比如对于 student_info 表来说，number、name 都可以作为操作数。

- 函数调用

  一个函数用于完成某个特定的功能（稍后会介绍 MySQL 中的函数概念）。比方说名称为 NOW 的函数用来获取当前时间。在函数后边加一个小括号就算是一个函数调用，比如 NOW()。关于函数的更多内容，将在后文介绍。

- 其他表达式

  一个表达式也可以作为一个操作数与另一个操作数形成一个更复杂的表达式，比方说（假设 col 是一个列名）：

  ```
  (col - 5) / 3
  (1 + 1) * 2 + col * 3
  ```

当然，可以作为操作数的东西不止这么几种，我们只是列举了几种常用的而已，之后用到了再不断扩充。

9.1.2 运算符

对于小白的我们来说，目前熟悉掌握下面这 3 种运算符就应该够用了。

1. 算术运算符

MySQL 中使用的算术运算符如表 9.1 所示。

表 9.1 算术运算符

运算符	示例	描述
+	a + b	加法
-	a - b	减法
*	a * b	乘法
/	a / b	除法
DIV	a DIV b	除法，取商的整数部分
%	a % b	取余
-	-a	取负值

在使用 MySQL 中的算术运算符时需要注意，DIV 和 / 都表示除法运算符，但是 DIV 只会取商的整数部分，而 / 会保留商的小数部分。比如表达式 4 DIV 3 的结果是 1，而 4 / 3 的结果是 1.3333。

2. 比较运算符

前面在介绍搜索条件时已经介绍过比较运算符了。我们把常用的比较运算符都抄下来看一下，如表 9.2 所示。

表 9.2 比较运算符

运算符	示例	描述
=	a = b	a 等于 b
<=>	a = b	a 等于 b（<=> 称为 NULL 值安全等于运算符，稍后会介绍它）
<> 或者 !=	a <> b	a 不等于 b
<	a < b	a 小于 b
<=	a <= b	a 小于或等于 b

续表

运算符	示例	描述
>	a > b	a 大于 b
>=	a >= b	a 大于或等于 b
BETWEEN	a BETWEEN b AND c	a 的值必须满足 b <= a <= c
NOT BETWEEN	a NOT BETWEEN b AND c	a 的值必须不满足 b <= a <= c
IN	a IN (b1, b2, ...)	a 是 b1, b2, ... 中的某一个
NOT IN	a NOT IN (b1, b2, ...)	a 不是 b1, b2, ... 中的任意一个
IS NULL	a IS NULL	a 的值是 NULL
IS NOT NULL	a IS NOT NULL	a 的值不是 NULL
LIKE	a LIKE b	a 匹配 b
NOT LIKE	a NOT LIKE b	a 不匹配 b

由比较运算符连接而成的表达式也称为布尔表达式，除非表达式中包含 NULL，否则布尔表达式的结果只能是 1 或 0。其中，1 表示真，0 表示假。TRUE 是 1 的别名，FALSE 是 0 的别名。

比如 1 > 3 的结果是 0，也就是 FALSE；3 != 2 的结果是 1，也就是 TRUE。

3. 逻辑运算符

MySQL 中使用的逻辑符如表 9.3 示。

表 9.3　逻辑运算符

运算符	示例	描述
NOT（也可以写作 !）	NOT a	对 a 取反。也就是当 a 为真时，NOT a 为假；当 a 为假时，NOT a 为真
AND（也可以写作 &&）	a AND b	a 和 b 同时为真时，表达式为真
OR（也可以写作 ||）	a OR b	a 或 b 有任意一个为真时，表达式为真
XOR	a XOR b	a 和 b 有且只有一个为真时，表达式为真

9.1.3　表达式的使用

只要把这些操作数和运算符相互组合起来就可以组成表达式（单个操作数可以作为特殊的表达式）。我们经常把表达式用在下面这两个地方。

1. 作为计算字段放在 SELECT 子句中

前面在书写语句时，都是将列名放在查询列表中（＊号代表所有的列名）。列名只是表达式中超级简单的一种，我们也可以把更复杂的表达式放到查询列表中。比方说，我们可以在查询 student_score 表时将 score 列的数据都加 100，就像这样：

```
mysql> SELECT  number, subject, score + 100 FROM student_score;
+----------+--------------------+-------------+
| number   | subject            | score + 100 |
+----------+--------------------+-------------+
| 20210101 | MySQL是怎样运行的    |         188 |
| 20210101 | 计算机是怎样运行的   |         178 |
| 20210102 | MySQL是怎样运行的    |         198 |
| 20210102 | 计算机是怎样运行的   |         200 |
| 20210103 | MySQL是怎样运行的    |         161 |
| 20210103 | 计算机是怎样运行的   |         159 |
| 20210104 | MySQL是怎样运行的    |         146 |
| 20210104 | 计算机是怎样运行的   |         155 |
+----------+--------------------+-------------+
8 rows in set (0.00 sec)
```

在结果集中，number、subject 都是 student_info 表中实际存在的列，而 score + 100 并非实际存在的列，它是在 score 列的基础上加上 100 得到的新列，也可以称作计算字段。计算字段的名称默认为它对应的表达式的名称。如果我们觉得原名称不好，可以使用别名来重命名计算字段：

```
mysql> SELECT  number, subject, score + 100 AS score FROM student_score;
+----------+--------------------+-------+
| number   | subject            | score |
+----------+--------------------+-------+
| 20210101 | MySQL是怎样运行的    |   188 |
| 20210101 | 计算机是怎样运行的   |   178 |
| 20210102 | MySQL是怎样运行的    |   198 |
| 20210102 | 计算机是怎样运行的   |   200 |
| 20210103 | MySQL是怎样运行的    |   161 |
| 20210103 | 计算机是怎样运行的   |   159 |
| 20210104 | MySQL是怎样运行的    |   146 |
| 20210104 | 计算机是怎样运行的   |   155 |
+----------+--------------------+-------+
8 rows in set (0.00 sec)
```

这样 score + 100 列就可以按照别名 score 来展示了！

需要注意的是，放在查询列表的表达式也可以不涉及列名，就像这样：

```
mysql> SELECT 1, 'a' FROM student_info;
+---+---+
| 1 | a |
+---+---+
| 1 | a |
| 1 | a |
| 1 | a |
| 1 | a |
| 1 | a |
+---+---+
6 rows in set (0.03 sec)
```

查询列表处的每个表达式都会被当作结果集中的一个列。在读取 student_info 表中的记录时，每获取到一条符合条件的记录（本例中没有 WHERE 条件，相当于所有记录都符合条件），就会生成一条结果集记录，结果集记录中各列的值就是查询列表处表达式的值。

在本例中，student_info 表中有 6 条记录，所以结果集中也有 6 条记录。但由于查询列表的两个表达式分别是常数 1 和 'a'，这就导致结果集中每条记录的两个列的值分别是 1 和 'a'。

在查询列表中不涉及列名的情况下，我们甚至可以省略掉 FROM 子句，就像这样：

```
mysql> SELECT 1;
+---+
| 1 |
+---+
| 1 |
+---+
1 row in set (0.00 sec)
```

可是这么写有什么现实用处么？好像有的，可以做个计算器。比如计算一下表达式 5 * 6 - 8 + 25 的值：

```
mysql> SELECT 5 * 6 - 8 + 25;
+----------------+
| 5 * 6 - 8 + 25 |
+----------------+
|             47 |
+----------------+
1 row in set (0.00 sec)
```

2. 作为搜索条件放在 WHERE 子句中

在查询表中的记录时，我们经常在 WHERE 子句中放置布尔表达式或者将多个小的布尔表达式用逻辑运算符连接起来的复杂表达式。当表达式的结果为 TRUE 时，就将该记录加入到结果集，否则不加入结果集。我们之前在 WHERE 子句中放置的都是带有列名的表达式，其实不带列名也可以，比方说：

```
mysql> SELECT number, name, id_number, major FROM student_info WHERE 2 > 1;
+----------+--------+--------------------+------------------+
| number   | name   | id_number          | major            |
+----------+--------+--------------------+------------------+
| 20210101 | 狗哥   | 1581772003010447929 | 计算机科学与工程  |
| 20210102 | 猫爷   | 1510082002011785299 | 计算机科学与工程  |
| 20210103 | 艾希   | 17156320010116959X | 软件工程          |
| 20210104 | 亚索   | 1419922002010786009 | 软件工程          |
| 20210105 | 莫甘娜 | 1810482000081563689 | 飞行器设计        |
| 20210106 | 赵信   | 1979952002010784459 | 电子信息          |
+----------+--------+--------------------+------------------+
6 rows in set (0.00 sec)
```

上述语句的搜索条件对应的表达式是 2 > 1。在读取 student_score 表的记录时，由于对于每条记录来说，表达式 2 > 1 的结果都为 TRUE，所以每条记录对应的查询列表字段都会被加入到最终的结果集。不过填写 2 > 1 这样的搜索条件毫无现实意义，只不过语法支持而已。通常情况下，搜索条件对应的表达式中都需要包含列名。

其实，WHERE 子句中可以放置任意的表达式。在读取某条记录时，只要 WHERE 子句中表达式的结果不为 0 或 NULL，那么该记录就会被加入到结果集。比方说：

```
mysql> SELECT number, name, major FROM student_info WHERE NULL;
Empty set (0.00 sec)

mysql> SELECT number, name, major FROM student_info WHERE 0;
Empty set (0.00 sec)

mysql> SELECT number, name, major FROM student_info WHERE 2;
+----------+--------+-------------------+
| number   | name   | major             |
+----------+--------+-------------------+
| 20210101 | 狗哥   | 计算机科学与工程  |
| 20210102 | 猫爷   | 计算机科学与工程  |
| 20210103 | 艾希   | 软件工程          |
| 20210104 | 亚索   | 软件工程          |
| 20210105 | 莫甘娜 | 飞行器设计        |
| 20210106 | 赵信   | 电子信息          |
+----------+--------+-------------------+
6 rows in set (0.00 sec)
```

上面示例的最后一个语句中，WHERE 中只有一个表达式 2，而 2 的值肯定不是 0，所以表中的记录就都查出来了。

9.1.4 表达式中的 NULL

在表达式中使用 NULL，结果可能与我们想的不一样。

- NULL 作为算术运算符的操作数时，表达式的结果都为 NULL。

  比方说 1 + NULL 的结果是 NULL，NULL * 1 的结果也是 NULL：

```
mysql> SELECT 1 + NULL, NULL * 1;
+----------+----------+
| 1 + NULL | NULL * 1 |
+----------+----------+
|     NULL |     NULL |
+----------+----------+
1 row in set (0.00 sec)
```

- 除 <=>、IS NULL、IS NOT NULL 外，NULL 作为其余比较运算符的操作数时，表达式的结果都为 NULL。

  比方说：

```
mysql> SELECT 1 = NULL, 2 > NULL;
+----------+----------+
| 1 = NULL | 2 > NULL |
+----------+----------+
|     NULL |     NULL |
+----------+----------+
1 row in set (0.00 sec)
```

  IS NULL 和 IS NOT NULL 专门用于判断某个值是否为 NULL，比较结果只能是 0（FALSE）或 1（TRUE）：

```
mysql> SELECT 1 IS NULL, NULL IS NULL, 1 IS NOT NULL, NULL IS NOT NULL;
+-----------+--------------+---------------+------------------+
| 1 IS NULL | NULL IS NULL | 1 IS NOT NULL | NULL IS NOT NULL |
+-----------+--------------+---------------+------------------+
|         0 |            1 |             1 |                0 |
+-----------+--------------+---------------+------------------+
1 row in set (0.00 sec)
```

<=> 运算符被称为 NULL 值安全等于运算符。当 <=> 的操作数不包含 NULL 时，它的功能和 = 相同；当 <=> 的一个操作数为 NULL，另一个操作数不为 NULL 时，结果为 0（FALSE）；当两个操作数都为 NULL 时，结果为 1（TRUE）：

```
mysql> SELECT 1 <=> 2, 1 <=> 1, 1 <=> NULL, NULL <=> NULL;
+---------+---------+------------+---------------+
| 1 <=> 2 | 1 <=> 1 | 1 <=> NULL | NULL <=> NULL |
+---------+---------+------------+---------------+
|       0 |       1 |          0 |             1 |
+---------+---------+------------+---------------+
1 row in set (0.00 sec)
```

9.2 函数

在使用 MySQL 的过程中，我们经常会有一些需求。比方说，将给定字符串中的小写字母转换成大写字母，把某个日期数据中的月份值提取出来。为了解决这些经常会遇到的问题，设计 MySQL 的大叔贴心地为我们提供了很多所谓的函数。来看下面这些函数。

- UPPER 函数：用来把给定字符串中的小写字母转换成大写字母。
- MONTH 函数：用来把某个日期数据中的月份值提取出来。
- NOW 函数：用来获取当前的日期和时间。

如果我们想使用这些函数，在函数名后加一个小括号 () 就好，表示调用这个函数，简称为函数调用。比方说，NOW() 就代表调用 NOW 函数来获取当前日期和时间。针对某些包含参数的函数，也可以在小括号中填入参数。比方说，UPPER('abc') 表示将字符串 'abc' 转换为大写格式。函数调用可以作为操作数与其他操作数一起组成更复杂的表达式。

9.2.1 字符串处理函数

下面介绍一些常用的 MySQL 字符串处理函数，如表 9.4 所示。

表 9.4 常用的 MySQL 字符串处理函数

名称	调用示例	示例结果	描述
LEFT	LEFT('abc123', 3)	abc	给定字符串从左边取指定长度的子串
RIGHT	RIGHT('abc123', 3)	123	给定字符串从右边取指定长度的子串
LENGTH	LENGTH('abc')	3	给定字符串占用的字节数量

名称	调用示例	示例结果	描述
LOWER	LOWER('ABC')	abc	给定字符串的小写格式
UPPER	UPPER('abc')	ABC	给定字符串的大写格式
LTRIM	LTRIM('　　abc')	abc	给定字符串左边空格去除后的格式
RTRIM	RTRIM('abc　　')	abc	给定字符串右边空格去除后的格式
SUBSTRING	SUBSTRING('abc123', 2, 3)	bc1	给定字符串从指定位置截取指定长度的子串
CONCAT	CONCAT('abc', '123', 'xyz')	abc123xyz	将给定的各个字符串拼接成一个新字符串
CHAR_LENGTH	CHAR_LENGTH('　狗哥　')	2	给定字符串的字符数量

我们以 SUBSTRING 函数为例试一下：

```
mysql> SELECT SUBSTRING('abc123', 2, 3);
+---------------------------+
| SUBSTRING('abc123', 2, 3) |
+---------------------------+
| bc1                       |
+---------------------------+
1 row in set (0.00 sec)
```

SUBSTRING('abc123', 2, 3) 表示要从字符串 'abc123' 的第 2 个字符开始，向后获取 3 个字符的子串。

这些函数的参数不仅仅可以是常数，也可以是别的表达式。比方说，我们使用列名作为函数参数，这里以 CONCAT 函数为例来看一下：

```
mysql> SELECT CONCAT('学号为', number, '的学生在《', subject, '》课程的成绩是：', score) AS 成绩描
述 FROM student_score;
+------------------------------------------------------------------+
| 成绩描述                                                           |
+------------------------------------------------------------------+
| 学号为20210101的学生在《MySQL是怎样运行的》课程的成绩是：88          |
| 学号为20210101的学生在《计算机是怎样运行的》课程的成绩是：78         |
| 学号为20210102的学生在《MySQL是怎样运行的》课程的成绩是：98          |
| 学号为20210102的学生在《计算机是怎样运行的》课程的成绩是：100        |
| 学号为20210103的学生在《MySQL是怎样运行的》课程的成绩是：61          |
| 学号为20210103的学生在《计算机是怎样运行的》课程的成绩是：59         |
| 学号为20210104的学生在《MySQL是怎样运行的》课程的成绩是：46          |
| 学号为20210104的学生在《计算机是怎样运行的》课程的成绩是：55         |
+------------------------------------------------------------------+
8 rows in set (0.00 sec)
```

9.2.2　日期和时间处理函数

下边来介绍一些常用的 MySQL 日期和时间处理函数，如表 9.5 所示。

下面有些函数会用到当前日期，我写作本章内容的日期是 2021-05-11，所以这里显示 2021-05-11。在实际调用这些函数时请以你的当前时间为准。

表 9.5　常用的 MySQL 日期和时间处理函数

名称	调用示例	示例结果	描述
NOW	NOW()	2021-05-11 17:10:43	返回当前日期和时间
CURDATE	CURDATE()	2021-05-11	返回当前日期
CURTIME	CURTIME()	17:10:43	返回当前时间
DATE	DATE('2021-05-11 17:10:43')	2021-05-11	将给定日期和时间值的日期提取出来
DATE_ADD	DATE_ADD('2021-05-11 17:10:43', INTERVAL 2 DAY)	2021-05-13 17:10:43	将给定的日期和时间值添加指定的时间间隔；示例中添加了2 天
DATE_SUB	DATE_SUB('2021-05-11 17:10:43', INTERVAL 2 DAY)	2021-05-09 17:10:43	将给定的日期和时间值减去指定的时间间隔；示例中减去了2 天
DATEDIFF	DATEDIFF('2021-05-11', '2021-05-17');	-6	返回两个日期之间的天数（负数表示前一个参数代表的日期比后一个参数表示的日期小）
DATE_FORMAT	DATE_FORMAT(NOW(),'%m-%d-%Y')	05-11-2021	用给定的格式显示日期和时间
YEAR	YEAR('2021-05-11 17:10:43')	2021	提取年份
MONTH	MONTH('2021-05-11 17:10:43')	5	提取月份
DAY	DAY('2021-05-11 17:10:43')	11	提取日
HOUR	HOUR('2021-05-11 17:10:43')	17	提取小时
MINUTE	MINUTE('2021-05-11 17:10:43')	10	提取分钟
SECOND	SECOND('2021-05-11 17:10:43')	43	提取秒

在使用这些函数时，下面这些地方需要注意。

● 在使用 DATE_ADD 和 DATE_SUB 这两个函数时需要注意，我们可以自己定义增加或减去的时间间隔的单位。表 9.6 所示为 MySQL 支持的一些时间单位。

表 9.6　MySQL 支持的时间单位

时间单位	描述
MICROSECOND	毫秒
SECOND	秒
MINUTE	分钟
HOUR	小时
DAY	天
WEEK	星期
MONTH	月
QUARTER	季度
YEAR	年

如果我们想将 2021-05-11 17:10:43 这个时间值增加 2 分钟，可以这么写：

```
mysql> SELECT DATE_ADD('2021-05-11 17:10:43', INTERVAL 2 MINUTE);
+----------------------------------------------------+
| DATE_ADD('2021-05-11 17:10:43', INTERVAL 2 MINUTE) |
+----------------------------------------------------+
| 2021-05-11 17:12:43                                |
+----------------------------------------------------+
1 row in set (0.00 sec)
```

● 在使用 DATE_FORMAT 函数时需要注意，我们可以通过一些所谓的格式符来自定义日期和时间的显示格式。表 9.7 所示为 MySQL 中常用的一些日期和时间的格式符以及它们对应的含义。

表 9.7　MySQL 中常用的一些日期和时间的格式符

格式符	含义
%b	简写的月份名称（Jan、Feb、...、Dec）
%D	带有英文后缀的月份中的日期（0th、1st、2nd、...、31st）
%d	数字格式的月份中的日期（00、01、02、...、31）
%f	微秒（000000 ～ 999999）
%H	24 小时制的小时（00 ～ 23）
%h	12 小时制的小时（01 ～ 12）
%i	数值格式的分钟（00 ～ 59）
%M	月份名（January、February、...、December）
%m	数值形式的月份（00 ～ 12）

格式符	含义
%p	上午或下午（AM 代表上午，PM 代表下午）
%S	秒（00 ～ 59）
%s	秒（00 ～ 59）
%W	星期名（Sunday、Monday、...、Saturday）
%w	周内第几天（0= 星期日，1= 星期一，...，6= 星期六）
%Y	4 位数字形式的年（例如 2019）
%y	2 位数字形式的年（例如 19）

我们可以把想要的显示格式用对应的格式符描述出来，就像这样：

```
mysql> SELECT DATE_FORMAT('2021-05-11 17:10:43','%b %d %Y %h:%i %p');
+-------------------------------------------------------+
| DATE_FORMAT('2021-05-11 17:10:43','%b %d %Y %h:%i %p') |
+-------------------------------------------------------+
| May 11 2021 05:10 PM                                  |
+-------------------------------------------------------+
1 row in set (0.00 sec)
```

'%b %d %Y %h:%i %p' 是一个用格式符描述的显示格式，意味着给定的日期和时间应该以下面描述的方式展示。

- 先输出简写的月份名称（格式符 %b），也就是示例中的 May，然后输出一个空格。
- 再输出用数字格式表示的月份中的日期（格式符 %d），也就是示例中的 11，然后输出一个空格。
- 再输出 4 位数字形式的年（格式符 %Y），也就是示例中的 2021，然后输出一个空格。
- 再输出 12 小时制的小时（格式符 %h），也就是示例中的 05，然后输出一个冒号（:）。
- 再输出数值格式的分钟（格式符 %i），也就是示例中的 10，然后输出一个空格。
- 最后输出上午或者下午（格式符 %p），也就是示例中的 PM。

9.2.3　数值处理函数

下面介绍一些常用的 MySQL 数值处理函数，如表 9.8 所示。

表 9.8　常用的 MySQL 数值处理函数

名称	调用示例	示例结果	描述
ABS	ABS(-1)	1	取绝对值
Pi	PI()	3.141593	返回圆周率
COS	COS(PI())	-1	返回一个角度的余弦
SIN	SIN(PI()/2)	1	返回一个角度的正弦

名称	调用示例	示例结果	描述
TAN	TAN(0)	0	返回一个角度的正切
POW	POW(2,2)	4	返回某个数的指定次幂
SQRT	SQRT(9)	3	返回一个数的平方根
MOD	MOD(5,2)	1	返回除法的余数
RAND	RAND()	0.7537623539136372	返回一个随机数
CEIL	CEIL(2.3)	3	返回不小于给定值的最小整数
FLOOR	FLOOR(2.3)	2	返回不大于给定值的最大整数

9.2.4　流程控制表达式和函数

我们在评价学生考试成绩的时候，经常会划分为 3 个水平。

- 不及格：当分数小于 60 分时。
- 及格：当分数大于或等于 60 分小于 90 分时。
- 优秀：当分数大于或等于 90 分时。

在查询 student_score 表时，我们想把每一条成绩记录对应的水平作为一个新列添加到结果集中，效果如表 9.9 所示。

表 9.9　在结果集中新加一个列

number	subject	score	level
20210101	计算机是怎样运行的	78	及格
20210101	MySQL 是怎样运行的	88	及格
20210102	计算机是怎样运行的	100	优秀
20210102	MySQL 是怎样运行的	98	优秀
20210103	计算机是怎样运行的	59	不及格
20210103	MySQL 是怎样运行的	61	及格
20210104	计算机是怎样运行的	55	不及格
20210104	MySQL 是怎样运行的	46	不及格

这个功能其实就是针对每一条 student_score 表中的记录，判断一下它的 score 列在哪个成绩区间，然后给"水平"列添加不同的值而已。MySQL 提供了 CASE 表达式来解决这个问题，语法如下：

```
CASE WHEN 表达式1 THEN 结果1 [WHEN 表达式2 THEN 结果2 ... ] [ELSE 默认结果] END
```

这个 CASE 表达式的含义是：

- 当表达式 1 为 TRUE 时，整个 CASE 表达式的值就是结果 1；
- 当表达式 2 为 TRUE 时，整个 CASE 表达式的值就是结果 2；
- 依次类推，当表达式 n 为 TRUE 时，整个 CASE 表达式的值就是结果 n；
- 如果所有的表达式都不为 TRUE，那整个 CASE 表达式的值就是 ELSE 之后的默认结果。

现在，我们就可以这样查询 student_score 表来为结果集添加"水平"列了：

```
mysql> SELECT number, subject, score,
    ->     CASE WHEN score < 60 THEN '不及格'
    ->          WHEN score < 90 THEN '及格'
    >          ELSE '优秀' END AS level
    ->     FROM student_score;
+----------+--------------------+-------+--------+
| number   | subject            | score | level  |
+----------+--------------------+-------+--------+
| 20210101 | MySQL是怎样运行的    |    88 | 及格   |
| 20210101 | 计算机是怎样运行的   |    78 | 及格   |
| 20210102 | MySQL是怎样运行的    |    98 | 优秀   |
| 20210102 | 计算机是怎样运行的   |   100 | 优秀   |
| 20210103 | MySQL是怎样运行的    |    61 | 及格   |
| 20210103 | 计算机是怎样运行的   |    59 | 不及格 |
| 20210104 | MySQL是怎样运行的    |    46 | 不及格 |
| 20210104 | 计算机是怎样运行的   |    55 | 不及格 |
+----------+--------------------+-------+--------+
8 rows in set (0.00 sec)
```

小贴士　　　很多 MySQL 新手在写 CASE 表达式时很容易忘记末尾的 END，大家一定要注意 CASE 表达式是以 END 结尾的喔！

CASE 表达式还有第二种形式：

CASE 待比较表达式 WHEN 表达式1 THEN 结果1 [WHEN 表达式2 THEN 结果2 ...] [ELSE 默认结果] END

它的含义是：

- 当待比较表达式的值和表达式 1 的值相同时，整个 CASE 表达式的值就是结果 1；
- 当待比较表达式的值和表达式 2 的值相同时，整个 CASE 表达式的值就是结果 2；
- 依此类推，当待比较表达式的值和表达式 n 的值相同时，整个 CASE 表达式的值就是结果 n；
- 如果待比较表达式的值和所有 WHEN 后面接的表达式的值都不相同，那整个 CASE 表达式的值就是 ELSE 之后的默认结果。

我们再举个例子：

```
mysql> SELECT name, department,
    ->     CASE department WHEN '计算机学院' THEN '1级学科'
    ->                     WHEN '航天学院' THEN '2级学科' END AS 学院类别
    ->     FROM student_info;
```

```
+--------+------------+----------+
| name   | department | 学院类别  |
+--------+------------+----------+
| 狗哥    | 计算机学院  | 1级学科  |
| 猫爷    | 计算机学院  | 1级学科  |
| 艾希    | 计算机学院  | 1级学科  |
| 亚索    | 计算机学院  | 1级学科  |
| 莫甘娜   | 航天学院    | 2级学科  |
| 赵信    | 航天学院    | 2级学科  |
+--------+------------+----------+
6 rows in set (0.00 sec)
```

除 CASE 语句外，还可以使用下面这 3 个函数来进行条件判断。

- IF（表达式 1，表达式 2，表达式 3）

  IF 函数的含义是，当表达式 1 为 TRUE 时，函数返回值为表达式 2；否则为表达式 3。比方说：

```
mysql> SELECT IF(1 > 2, 3, 4);
+---------------+
| IF(1>2, 3, 4) |
+---------------+
|             4 |
+---------------+
1 row in set (0.00 sec)
```

  因为表达式 1 > 2 的结果为 FALSE，所以整个 IF 函数返回表达式 3 的值，也就是 4。

- IFNULL（表达式 1，表达式 2）

  IFNULL 函数的含义是，当表达式 1 为 NULL 时，函数返回值为表达式 2，否则返回表达式 1。比方说：

```
mysql> SELECT IFNULL(NULL, 5);
+-----------------+
| IFNULL(NULL, 5) |
+-----------------+
|               5 |
+-----------------+
1 row in set (0.00 sec)

mysql> SELECT IFNULL(3, 5);
+--------------+
| IFNULL(3, 5) |
+--------------+
|            3 |
+--------------+
1 row in set (0.00 sec)
```

- NULLIF（表达式 1，表达式 2）

  NULLIF 函数的含义是，当表达式 1 的值和表达式 2 的值相同时，函数返回值为 NULL，否则返回表达式 1 的值。比方说：

```
mysql> SELECT NULLIF(2, 3);
+--------------+
| NULLIF(2, 3) |
```

```
+--------------+
|            2 |
+--------------+
1 row in set (0.00 sec)

mysql> SELECT NULLIF(2, 2);
+--------------+
| NULLIF(2, 2) |
+--------------+
|         NULL |
+--------------+
1 row in set (0.00 sec)
```

9.2.5 汇总函数

对于老师来说，他们更关心的是一个班级成绩的汇总信息。比方说全班的平均成绩是多少、有多少人及格了、有多少人不及格之类的信息。MySQL 提供了一些汇总函数（也可以称为统计函数或者聚集函数）来完成这些任务。这些汇总函数的参数一般是实际列或者计算字段，用以在匹配的结果中统计实际列或计算字段的一些信息，比方说求最大 / 最小值、求和、求平均数、统计数量等。

下面介绍 MySQL 中常用的几个汇总函数。

● MAX（表达式）

  MAX 函数的含义是，从匹配的结果中返回表达式对应列的最大值；一般使用实际列或计算字段作为函数参数。比方说，我们从 student_score 表中找出科目为 "MySQL 是怎样运行的" 的最高成绩：

```
mysql> SELECT MAX(score) FROM student_score WHERE subject = 'MySQL是怎样运行的';
+------------+
| MAX(score) |
+------------+
|         98 |
+------------+
1 row in set (0.00 sec)
```

  可以看到，科目为 "MySQL 是怎样运行的" 的最高成绩就是 98。

● MIN（表达式）

  MIN 函数的含义是，从匹配的结果中返回表达式对应列的最小值；一般使用实际列或计算字段作为函数参数。比方说，我们从 student_score 表中找出科目为 "MySQL 是怎样运行的" 的最低成绩：

```
mysql> SELECT MIN(score) FROM student_score WHERE subject = 'MySQL是怎样运行的';
+------------+
| MAX(score) |
+------------+
|         46 |
+------------+
1 row in set (0.00 sec)
```

  可以看到，科目为 "MySQL 是怎样运行的" 的最低成绩就是 46。

- SUM（表达式）

  SUM 函数的含义是，从匹配的结果中计算表达式对应列的总和；一般使用实际列或计算字段作为函数参数。比方说，我们计算一下 student_score 表中科目为"MySQL 是怎样运行的"成绩的总和：

```
mysql> SELECT SUM(score) FROM student_score WHERE subject = 'MySQL是怎样运行的';
+------------+
| SUM(score) |
+------------+
|        293 |
+------------+
1 row in set (0.00 sec)
```

  可以看到，科目为"MySQL 是怎样运行的"的成绩总和是 293。

- AVG 函数

  AVG 函数的含义是，从匹配的结果中计算表达式对应列的平均数；一般使用实际列或计算字段作为函数参数。比方说，我们计算一下 student_score 表中科目为"MySQL 是怎样运行的"成绩的平均分：

```
mysql> SELECT AVG(score) FROM student_score WHERE subject = 'MySQL是怎样运行的';
+------------+
| AVG(score) |
+------------+
|    73.2500 |
+------------+
1 row in set (0.00 sec)
```

  可以看到，科目为"MySQL 是怎样运行的"的成绩平均分就是 73.25。

- COUNT 函数

  COUNT 函数的含义是，从匹配的结果中统计表达式对应列中非 NULL 值的数量。这里我们新建一个 count_demo 表来演示 COUNT 函数的使用：

```
mysql> CREATE TABLE count_demo(
    ->      c int
    -> );
Query OK, 0 rows affected (0.02 sec)

mysql> INSERT INTO count_demo VALUES(1), (NULL), (2), (NULL);
Query OK, 4 rows affected (0.00 sec)
Records: 4  Duplicates: 0  Warnings: 0

mysql> SELECT * FROM count_demo;
+------+
| c    |
+------+
|    1 |
| NULL |
|    2 |
| NULL |
+------+
4 rows in set (0.00 sec)
```

可以看到，count_demo 表中只有一个列 c。我们向该表中插入了 4 条记录，其中包含两条列 c 值为 NULL 的记录。可以使用 COUNT 函数统计一下列 c 中非 NULL 值的数量：

```
mysql> SELECT COUNT(c) FROM count_demo;
+----------+
| COUNT(c) |
+----------+
|        2 |
+----------+
1 row in set (0.00 sec)
```

结果显示 count_demo 表中列 c 的值不是 NULL 的数量为 2。

如果我们想查询匹配的结果中总共有多少条记录，而不关心某个列中是否存储 NULL，这该怎么办呢？这种情况下使用 COUNT(*) 即可：

```
mysql> SELECT COUNT(*) FROM count_demo;
+----------+
| COUNT(*) |
+----------+
|        4 |
+----------+
1 row in set (0.00 sec)
```

其实在统计匹配的记录行数时，除了 *，可以使用任何值不为 NULL 的表达式，比方说使用 COUNT(1)：

```
mysql> SELECT COUNT(1) FROM count_demo;
+----------+
| COUNT(1) |
+----------+
|        4 |
+----------+
1 row in set (0.00 sec)
```

有的小伙伴可能不太理解为什么 COUNT(1) 也能正常统计行数。其实，SELECT COUNT(1) FROM count_demo 相当于统计 SELECT 1 FROM count_demo 的结果集中的记录条数。我们执行一下 SELECT 1 FROM count_demo：

```
mysql> SELECT 1 FROM count_demo;
+---+
| 1 |
+---+
| 1 |
| 1 |
| 1 |
| 1 |
+---+
4 rows in set (0.00 sec)
```

很显然结果集中有 4 条记录，SELECT COUNT(1) FROM count_demo 的结果自然就是 4。

再次强调一下，除了 COUNT(1) 外，COUNT(2)、COUNT(3) 甚至 COUNT ('abc') 都能起到一样的效果。只要保证 COUNT 函数的参数是一个值不为 NULL 的表达式，就能完成统计匹配记录行数的效果。

1. 汇总函数中 DISTINCT 的使用

在默认情况下，前文介绍的汇总函数将统计指定表达式在结果集中所有值不为 NULL 的数据。如果指定的表达式在结果集中有重复值，并且我们想将这些有重复值的数据去重后再进行统计，可以选择使用 DISTINCT 过滤掉这些重复数据。比方说，我们想查看一下 student_info 表中存储了多少个专业的学生信息，就可以这么写：

```
mysql> SELECT COUNT(DISTINCT major) FROM student_info;
+----------------------+
| COUNT(DISTINCT major) |
+----------------------+
|                    4 |
+----------------------+
1 row in set (0.00 sec)
```

可以看到一共有 4 个专业。

2. 使用多个汇总函数

多个汇总函数可以放在同一个查询列表中，比如这样：

```
mysql> SELECT COUNT(*) AS 成绩记录总数, MAX(score) AS 最高成绩, MIN(score) AS 最低成绩,
AVG(score) AS 平均成绩 FROM student_score;
+--------------+----------+----------+----------+
| 成绩记录总数 | 最高成绩 | 最低成绩 | 平均成绩 |
+--------------+----------+----------+----------+
|            8 |      100 |       46 |  73.1250 |
+--------------+----------+----------+----------+
1 row in set (0.00 sec)
```

9.3　隐式类型转换

　　只要某个表达式的类型与上下文要求的类型不符，MySQL 就会根据上下文环境中需要的类型对该表达式进行类型转换。由于这些类型转换是 MySQL 自动完成的，所以也可以称为隐式类型转换。下面列举几种常见的隐式类型转换的场景。

1. 将操作数类型转换为运算符需要的类型

比方说对于加法（+）运算符来说，它要求两个操作数都必须是数字才能进行计算。所以，如果某个操作数不是数字的话，则会将其隐式转换为数字。比方说下面这几个例子：

```
1 + 2       →    3
'1' + 2     →    3
'1' + '2'   →    3
```

虽然 '1'、'2' 都是字符串，但是如果它们作为加法运算符的操作数的话，则都会被强制转换为数字。所以上面这几个表达式其实都会被当作 1 + 2 来处理。将这些表达式放在查询列表中的效果如下：

```
mysql> SELECT 1 + 2, '1' + 2, '1' + '2';
+-------+---------+-----------+
| 1 + 2 | '1' + 2 | '1' + '2' |
+-------+---------+-----------+
|     3 |       3 |         3 |
+-------+---------+-----------+
1 row in set (0.00 sec)
```

特殊情况下，即使字符串不能被完全转换成数字，MySQL 会尽量将该字符串转换为其开头的数字。如果该字符串的开头并没有包含数字，那么将被转换为数字 0。比方说：

```
'23sfd'       →    23
'2019-08-28'  →    2019
'11:30:32'    →    11
'sfd'         →    0
```

我们举个例子来看一下：

```
mysql> SELECT 1 + '23sfd';
+-------------+
| 1 + '23sfd' |
+-------------+
|          24 |
+-------------+
1 row in set, 1 warning (0.00 sec)
```

可以看到，字符串 '23sfd' 实际上被转换成了数字 23，所以最后的结果才会是 24。另外，在查询结果中还看到了一个 warning。我们使用 SHOW WARNINGS 看一下 warning 的内容是什么：

```
mysql> SHOW WARNINGS\G
*************************** 1. row ***************************
  Level: Warning
   Code: 1292
Message: Truncated incorrect DOUBLE value: '23sfd'
1 row in set (0.00 sec)
```

提示的信息表明，字符串 '23sfd' 是被当作 DOUBLE 类型进行类型转换的，在转换的过程中发生了截断（也就是 '23sfd' 中的 'sfd' 不能被转为数字，就被舍弃掉了）。其实，当字符串类型的表达式与其他类型的表达式进行算术运算、比较大小以及逻辑判断时，都会被转换为 DOUBLE 类型。比方说：

```
mysql> SELECT 1 > 'a', 1 AND 'a', 1 AND '2a';
+---------+-----------+------------+
| 1 > 'a' | 1 AND 'a' | 1 AND '2a' |
+---------+-----------+------------+
|       1 |         0 |          1 |
+---------+-----------+------------+
1 row in set, 3 warnings (0.00 sec)
```

我们分析一下。

- 在表达式 1 > 'a' 中,字符串 'a' 将会被转换为 DOUBLE 类型的 0,所以 1 > 'a' 其实就相当于 1 > 0,结果自然是 1,也就是 TRUE。
- 在表达式 1 AND 'a' 中,字符串 'a' 将会被转换为 DOUBLE 类型的 0,所以 1 AND 'a' 其实就相当于 1 AND 0,结果自然是 0,也就是 FALSE。
- 在表达式 1 AND '2a' 中,字符串 '2a' 将被转换为 DOUBLE 类型的 2,所以 1 AND '2a' 其实就相当于 1 AND 2。在 MySQL 中,除了值为 0 和 NULL 的表达式之外,其余表达式都被看作是"真",所以 1 AND 2 的结果也是"真",结果就是 1。

2. 将函数参数转换为该函数期望的类型

我们拿用于拼接字符串的 CONCAT 函数举例,这个函数以字符串类型的值作为参数。如果在调用这个函数的时候,传入了别的类型的值作为参数,MySQL 会自动把这些值的类型转换为字符串类型:

```
CONCAT('1', '2')    →    '12'
CONCAT('1', 2)      →    '12'
CONCAT(1, 2)        →    '12'
```

虽然 1、2 都是数字,但是如果它们作为 CONCAT 函数的参数的话,都会被强制转换为字符串,所以上面这几个表达式其实都会被当作 CONCAT('1', '2') 来处理。将这些表达式放到查询列表时的效果如下:

```
mysql> SELECT CONCAT('1', '2'), CONCAT('1', 2), CONCAT(1, 2);
+------------------+----------------+--------------+
| CONCAT('1', '2') | CONCAT('1', 2) | CONCAT(1, 2) |
+------------------+----------------+--------------+
| 12               | 12             | 12           |
+------------------+----------------+--------------+
1 row in set (0.00 sec)
```

3. 在 WHERE 子句中,单独的字符串类型的表达式会被转换为 DOUBLE 类型的数值

比方说:

```
mysql> SELECT 5 WHERE 'a';
Empty set, 1 warning (0.00 sec)

mysql> SELECT 5 WHERE '2a';
+---+
| 5 |
+---+
| 5 |
+---+
1 row in set, 1 warning (0.00 sec)
```

在 SELECT 5 WHERE 'a' 语句中,'a' 将被转换为 DOUBLE 类型的 0,所以查询结果为空集。在 SELECT 5 WHERE '2a' 语句中,字符串 '2a' 将被转换为 DOUBLE 类型的 2,所以查询结果不为空集。

4. 存储数据时，把某个值转换为某个列需要的类型

我们先新建一个简单的表 type_conversion_demo：

```
mysql> CREATE TABLE type_conversion_demo (
    ->     i1 TINYINT,
    ->     i2 TINYINT,
    ->     s VARCHAR(100)
    -> );
Query OK, 0 rows affected (0.02 sec)
```

这个表有 3 个列，其中列 i1 和 i2 用来存储整数，列 s 用来存储字符串。如果我们在存储数据的时候填入的不是期望的类型，就像这样：

```
mysql> INSERT INTO type_conversion_demo(i1, i2, s) VALUES('100', '100', 200);
Query OK, 1 row affected (0.01 sec)
```

我们为列 i1 和 i2 填入的值是一个字符串值 '100'，为列 s 填入的值是一个整数值 200。虽然说类型都不对，但是由于隐式类型转换的存在，在插入数据的时候字符串 '100' 会被转型为整数 100，整数 200 会被转型成字符串 '200'，所以最后插入成功。我们来看一下效果：

```
mysql> SELECT * FROM type_conversion_demo;
+------+------+------+
| i1   | i2   | s    |
+------+------+------+
|  100 |  100 | 200  |
+------+------+------+
1 row in set (0.00 sec)
```

这里需要注意的是，在向表中插入记录时，将字符串类型的表达式转换为 DOUBLE 类型的数值时不能发生截断，否则会报错：

```
mysql>  INSERT INTO type_conversion_demo(i1, i2, s) VALUES('sfd', 'sfd', 'aaa');
ERROR 1366 (HY000): Incorrect integer value: 'sfd' for column 'i1' at row 1
```

小贴士

　　有隐式类型转换，自然也有显式类型转换。在 MySQL 中，可以使用 CAST 函数完成显式的类型转换。也就是说，我们需要明确指定要将特定的数据转换为某种特定类型，不过这里并不打算介绍这个函数的使用，感兴趣的同学可以到文档中看看（我们既然不详细展开介绍，就说明该知识点对于初学者来说并不是那么重要）。

第10章　分组查询

10.1　分组数据

10.1.1　复杂的数据统计

上一章介绍了一些用来统计数据的汇总函数，我们可以使用这些函数方便地统计出某个表达式在结果集中的行数、最大值、最小值、平均值以及总和。但是，有些统计是比较麻烦的。比如说，老师想根据成绩表分别统计出"MySQL 是怎样运行的"和"计算机是怎样运行的"这两门课的平均分，那么需要写下面这两个查询语句：

```
mysql> SELECT AVG(score) FROM student_score WHERE subject = 'MySQL是怎样运行的';
+------------+
| AVG(score) |
+------------+
|    73.2500 |
+------------+
1 row in set (0.00 sec)

mysql> SELECT AVG(score) FROM student_score WHERE subject = '计算机是怎样运行的';
+------------+
| AVG(score) |
+------------+
|    73.0000 |
+------------+
1 row in set (0.00 sec)
```

10.1.2　创建分组

如果课程增加到 20 门该怎么办呢？我们一共需要写 20 个查询语句，这样太麻烦了。为了在一条查询语句中完成这 20 条查询语句的任务，引入了分组的概念。所谓分组，具体就是针对某个列，将该列的值相同的记录分到一个组中。拿 subject 列来说，按照 subject 列分组的意思就是将 subject 列的值是"MySQL 是怎样运行的"的记录划分到一个组中，将 subject 列的值是"计算机是怎样运行的"的记录划分到另一个组中；如果 subject 列还有别的值，则划分更多的组，其中分组依靠的列可以称为分组列。

按照 subject 列对 student_score 表中的记录进行分组后，可以得到图 10.1 所示的两个组。

"MySQL是怎样运行的" 组：

20210101	MySQL是怎样运行的	88
20210102	MySQL是怎样运行的	98
20210103	MySQL是怎样运行的	61
20210104	MySQL是怎样运行的	46

"计算机是怎样运行的" 组：

20210101	计算机是怎样运行的	78
20210102	计算机是怎样运行的	100
20210103	计算机是怎样运行的	59
20210104	计算机是怎样运行的	55

图 10.1　得到的两个分组

MySQL 提供了 GROUP BY 子句来帮助我们自动完成分组的过程，我们只需要把分组列放到 GROUP BY 子句中，然后在 SELECT 子句的查询列表中写入想要统计的信息就好。比方说，我们想统计上述两个分组中的平均分分别是多少，则可以这样写查询语句：

```
mysql> SELECT subject, AVG(score) FROM student_score GROUP BY subject;
+--------------------+------------+
| subject            | AVG(score) |
+--------------------+------------+
| MySQL是怎样运行的   |    73.2500 |
| 计算机是怎样运行的  |    73.0000 |
+--------------------+------------+
2 rows in set (0.00 sec)
```

可以看到每个分组中的平均分被计算出来了，每个分组的统计信息在结果集中占一条记录。

在使用分组的时候必须要意识到，分组的存在仅仅是为了方便我们分别统计各个分组中的信息。我们在查询列表处只能放置分组列以及作用于分组的汇总函数。如果放置了非分组列，那么结果很可能不符合预期，比方说：

```
mysql> SELECT number, subject, AVG(score) FROM student_score GROUP BY subject;
+----------+--------------------+------------+
| number   | subject            | AVG(score) |
+----------+--------------------+------------+
| 20210101 | MySQL是怎样运行的   |    73.2500 |
| 20210101 | 计算机是怎样运行的  |    73.0000 |
+----------+--------------------+------------+
2 rows in set (0.00 sec)
```

在上面的查询语句中，我们在查询列表处添加了一个既不是分组列也不是汇总函数的列：number。从结果中可以看到，"MySQL 是怎样运行的" 组中 number 列的值是20210101，"计算机是怎样运行的" 组中 number 列的值也是 20210101。可能有的同学会有疑问，"明明每个分组中都包含 4 条记录，为什么每个分组选取的 number 值是 20210101，而不是 20210102、20210103 或者 20210104 呢？MySQL 咋这么偏心呢？"这其实也不能怪人家 MySQL，非分组列本来就不应该放在查询列表中，现在非要把非分组列放到查询列表中，MySQL 只好从每个分组的记录中随便挑一条记录，把该记录的非分组列的值取出并填到结果集中。

其实在某些版本的 MySQL 中，把非分组列放到查询列表中会直接报错，报错信息如下：

```
mysql> SELECT number, subject, AVG(score) FROM student_score GROUP BY subject;
ERROR 1055 (42000): Expression #1 of SELECT list is not in GROUP BY clause and contains
nonaggregated column 'xiaohaizi.student_score.number' which is not functionally dependent on
columns in GROUP BY clause; this is incompatible with sql_mode=only_full_group_by
```

总结一下就是，如果把非分组列放到查询列表中，会导致在结果集中非分组列的值不确定。大家应尽量避免这种做法。

小贴士
　　　　如果分组后的每个分组中所有记录的某个非分组列的值都一样，那么把该非分组列加入到查询列表中也没啥问题。比方说按照 subject 列进行分组后，假如在"MySQL 是怎样运行的"的分组中各条记录的 number 列的值都相同，在"计算机是怎样运行的"的分组中各条记录的 number 列的值也都相同，那么把 number 列放在查询列表中也没啥问题。
　　　　另外，之所以有的 MySQL 版本支持把非分组列放到查询列表中，有的不支持，是因为不同版本的默认 SQL 模式是不同的。如果开启了 ONLY_FULL_GROUP_BY 的 SQL 模式，就不允许将非分组列放到查询列表，否则就可以。当然，至于什么是 SQL 模式，以及怎么开启名为 ONLY_FULL_GROUP_BY 的 SQL 模式，现在还不用关心。

10.1.3　带有 WHERE 子句的分组查询

上面的例子是将表中的每条记录都划分到某个分组中，我们也可以在划分分组之前就将某些记录过滤掉，这时就需要使用 WHERE 子句了。比如老师觉得各个科目的平均分太低了，所以想先把分数低于 60 分的记录去掉之后再统计平均分，就可以这么写：

```
mysql> SELECT subject, AVG(score)  FROM student_score WHERE score >= 60 GROUP BY subject;
+--------------------+------------+
| subject            | AVG(score) |
+--------------------+------------+
| MySQL是怎样运行的    |    82.3333 |
| 计算机是怎样运行的   |    89.0000 |
+--------------------+------------+
2 rows in set (0.00 sec)
```

在指定了 WHERE 条件后，不符合 WHERE 条件的记录就不会参与分组。这样一来，上述查询中的分组情况其实就是图 10.2 所示的样子（少于 60 分的记录被过滤掉了）：

在查询列表处的汇总函数实际上用于分别对图 10.2 中的两个分组进行统计。

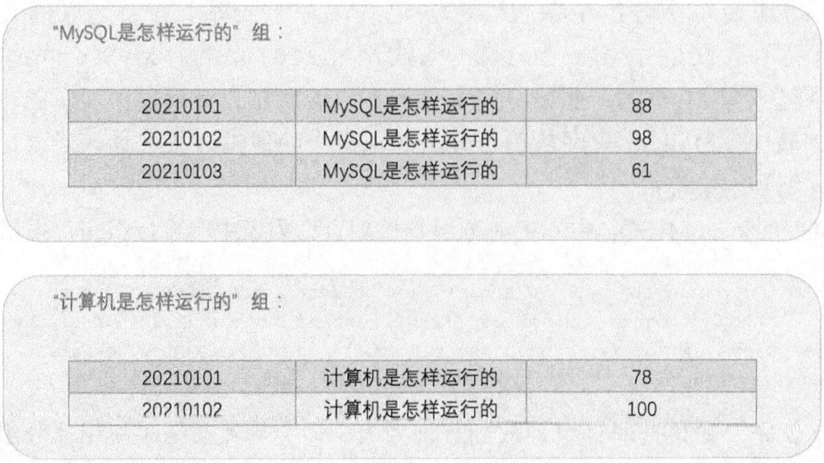

"MySQL是怎样运行的" 组：

20210101	MySQL是怎样运行的	88
20210102	MySQL是怎样运行的	98
20210103	MySQL是怎样运行的	61

"计算机是怎样运行的" 组：

| 20210101 | 计算机是怎样运行的 | 78 |
| 20210102 | 计算机是怎样运行的 | 100 |

图 10.2   将大于或等于 60 分的记录按照 subject 列进行分组

10.1.4   作用于分组的过滤条件

有时，在某个带有 GROUP BY 子句的查询中可能会产生非常多的分组。假设 student_score 表中存储了 100 门学科的成绩，也就是 subject 列中有 100 个不重复的值，这会产生 100 个分组，也就意味着分组查询的结果集中会产生 100 条记录。如果不想在结果集中得到这么多记录，就需要把针对分组的过滤条件放到 HAVING 子句中。比方说，老师想要统计平均分大于 73 分的课程，就可以这么写：

```
mysql> SELECT subject, AVG(score) FROM student_score GROUP BY subject HAVING AVG(score) > 73;
+-------------------+------------+
| subject           | AVG(score) |
+-------------------+------------+
| MySQL是怎样运行的  |    73.2500 |
+-------------------+------------+
1 row in set (0.00 sec)
```

其实这里所谓的"针对分组的过滤条件"一般是指下面这两种。

● 与分组列有关的条件。

与分组列有关的条件可以放到 HAVING 子句中，比如这样：

```
mysql> SELECT subject, AVG(score) FROM student_score GROUP BY subject HAVING subject = '计
算机是怎样运行的';
+--------------------+------------+
| subject            | AVG(score) |
+--------------------+------------+
| 计算机是怎样运行的  |    73.0000 |
+--------------------+------------+
1 row in set (0.00 sec)
```

与分组列有关的条件也可以直接放到 WHERE 子句中，这与放到 HAVING 子句中的效果是一样的：

```
mysql> SELECT subject, AVG(score) FROM student_score WHERE subject = '计算机是怎样运行的'
GROUP BY subject ;
+--------------------+------------+
| subject            | AVG(score) |
+--------------------+------------+
| 计算机是怎样运行的   |    73.0000 |
+--------------------+------------+
1 row in set (0.00 sec)
```

- 与作用于分组的汇总函数有关的条件。

  HAVING 子句中并不局限于只能放置出现在查询列表中的汇总函数，只要是针对这个分组进行统计的汇总函数都可以。比方说，老师想查询最高分大于 98 分的课程的平均分，可以这么写：

```
mysql> SELECT subject, AVG(score) FROM student_score GROUP BY subject HAVING MAX(score) > 98;
+--------------------+------------+
| subject            | AVG(score) |
+--------------------+------------+
| 计算机是怎样运行的   |    73.0000 |
+--------------------+------------+
1 row in set (0.00 sec)
```

其中的 MAX(score) 汇总函数并没有出现在查询列表中，但仍然可以作为 HAVING 子句中表达式的一部分。

另外，HAVING 子句中与汇总函数有关的条件是不能出现在 WHERE 子句中的，比方说：

```
mysql> SELECT subject, AVG(score) FROM student_score WHERE MAX(score) > 98 GROUP BY subject;
ERROR 1111 (HY000): Invalid use of group function
```

这是因为 WHERE 条件用于过滤记录，针对表中每一条记录都会判断 WHERE 条件是否成立。而汇总函数用于统计某一分组中所有记录的情况，由汇总函数组成的表达式不适用于判断单条记录是否符合条件。

10.1.5　分组和排序

分组查询的结果也是可以进行排序的。比方说，我们想按照从大到小的顺序对各个学科的平均分进行排序，可以这么写：

```
mysql> SELECT subject, AVG(score)  FROM student_score GROUP BY subject ORDER BY AVG(score) DESC;
+--------------------+------------+
| subject            | AVG(score) |
+--------------------+------------+
| MySQL是怎样运行的   |    73.2500 |
| 计算机是怎样运行的   |    73.0000 |
+--------------------+------------+
2 rows in set (0.00 sec)
```

给汇总函数起一个别名可能会更直观一点：

```
mysql> SELECT subject, AVG(score) AS avg_score FROM student_score GROUP BY subject ORDER BY
avg_score DESC;
+--------------------+-----------+
| subject            | avg_score |
+--------------------+-----------+
| MySQL是怎样运行的   |   73.2500 |
| 计算机是怎样运行的  |   73.0000 |
+--------------------+-----------+
2 rows in set (0.00 sec)
```

10.1.6　多个分组列

国家会经常发布一些统计数据，有时会觉得以省为单位进行统计太过笼统，此时可以将省划分成若干个市，然后以市为单位进行统计。如果觉得以市为单位进行统计还是太笼统，那么可以接着将市划分为若干个县，然后以县为单位进行统计。

同样地，在进行分组查询时，有时候按照某个列进行分组统计太笼统，因此可以将一个分组继续划分成更小的分组。以 student_info 表为例，可以先将 student_info 表中的记录按照 department 来进行分组，获得 2 个分组，如图 10.3 所示。

"计算机学院" 组：						
20210101	狗哥	男	1581177200301044792	计算机学院	计算机科学与工程	2021-09-01
20210102	猫爷	男	1510008200201178529	计算机学院	计算机科学与工程	2021-09-01
20210103	艾希	女	17156320010116959X	计算机学院	软件工程	2021-09-01
20210104	亚索	男	1419922200201078600	计算机学院	软件工程	2021-09-01

"航天学院" 组：						
20210105	莫甘娜	女	1810048200008156368	航天学院	飞行器设计	2021-09-01
20210106	赵信	男	1979952200201078445	航天学院	电子信息	2021-09-01

图 10.3　按照 department 分组后得到的 2 个分组

在按照 department 分组后，各个分组还可以再按照 major 来继续分组，从而划分成更小的分组。继续分组之后的样子如图 10.4 所示。

所以现在有了 2 个大分组、4 个小分组。如果乐意，还可以继续增加分组列，把小分组划分成更小的分组。

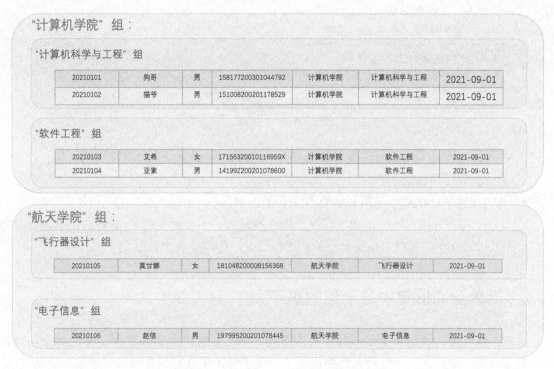

图 10.4　再按照 major 分组后得到的分组

在书写包含嵌套分组的查询语句时，我们只需要在 GROUP　BY 子句中把各个分组列依次写上，然后用逗号分隔开就好了，比如这样：

```
mysql> SELECT department, major, COUNT(*) FROM student_info GROUP BY department, major;
+------------+-------------------+----------+
| department | major             | COUNT(*) |
+------------+-------------------+----------+
| 计算机学院  | 计算机科学与工程    |        2 |
| 计算机学院  | 软件工程           |        2 |
| 航天学院    | 飞行器设计         |        1 |
| 航天学院    | 电子信息           |        1 |
+------------+-------------------+----------+
4 rows in set (0.00 sec)
```

可以看到，在包含嵌套分组的查询语句中，汇总函数作用在最小的那个分组上。

10.1.7　使用分组查询其他注意事项

在使用分组查询时，存在下面这些注意事项。

- 如果分组列中含有 NULL，那么 NULL 也会作为一个独立的分组存在。
- GROUP BY 子句后也可以跟随表达式（但不能是汇总函数）。

  前文介绍的 GROUP　BY 后跟随的都是表中的某个列或者某些列，其实也可以是一个表达式，比如这样：

```
mysql> SELECT concat('专业: ', major), COUNT(*) FROM student_info GROUP BY concat('专业: ',
major);
```

```
+-------------------------+----------+
| concat('专业: ', major) | COUNT(*) |
+-------------------------+----------+
| 专业: 计算机科学与工程   |        2 |
| 专业: 软件工程           |        2 |
| 专业: 飞行器设计         |        1 |
| 专业: 电子信息           |        1 |
+-------------------------+----------+
4 rows in set (0.01 sec)
```

针对表中的每一条记录，只要 GROUP BY 子句中的表达式的值是相同的，那么就会被划分到同一个分组。

● 再次强调 WHERE 子句和 HAVING 子句的区别。

WHERE 子句在分组前进行过滤，作用于每一条记录，不符合 WHERE 条件的记录不会参与分组；而 HAVING 子句在将记录进行分组后进行过滤，作用于整个分组。

10.2　简单查询语句中各子句的顺序

从第 7 章开始，我们不断引入各种查询子句，除了 SELECT 子句之外，其他的子句全都是可以省略的。如果在一个查询语句中出现了多个子句，那么它们之间的顺序是不能乱放的，顺序如下所示：

```
SELECT [DISTINCT] 查询列表
[FROM 表名]
[WHERE 布尔表达式]
[GROUP BY 分组列表 ]
[HAVING 分组过滤条件]
[ORDER BY 排序列表]
[LIMIT 偏移量，限制条数]
```

其中，中括号（[]）中的内容表示可以省略。我们在书写查询语句的时候，各个子句必须严格遵守这个顺序，不然会报错的！

第11章 子查询

11.1 多表查询的需求

目前为止，我们介绍的查询语句都是作用于单个表的，但是有时需要从多个表中查询数据。比如我们想查一下名为狗哥的学生的各科成绩该怎么办呢？我们只能先从 student_info 表中根据名称找到对应的学生学号，然后再通过学号到 student_score 表中找到对应的成绩信息。这样一来，这个问题的解决方案就是书写两个查询语句：

```
mysql> SELECT number FROM student_info WHERE name = '狗哥';
+----------+
| number   |
+----------+
| 20210101 |
+----------+
1 row in set (0.00 sec)

mysql> SELECT * FROM student_score WHERE number = 20210101;
+----------+--------------------+-------+
| number   | subject            | score |
+----------+--------------------+-------+
| 20210101 | MySQL是怎样运行的   |    88 |
| 20210101 | 计算机是怎样运行的  |    78 |
+----------+--------------------+-------+
2 rows in set (0.00 sec)
```

11.2 标量子查询

我们回过头仔细看一下上面这两条查询语句，可以发现第二条查询语句的搜索条件其实是用到了第一条查询语句的查询结果。为了书写简便，我们可以把这两条语句合并到一条语句中，从而减少了把第一条查询语句的结果复制粘贴到第二条查询语句中的步骤，就像这样：

```
mysql> SELECT * FROM student_score WHERE number = (SELECT number FROM student_info WHERE name =
'狗哥');
+----------+--------------------+-------+
| number   | subject            | score |
+----------+--------------------+-------+
| 20210101 | MySQL是怎样运行的   |    88 |
| 20210101 | 计算机是怎样运行的  |    78 |
+----------+--------------------+-------+
2 rows in set (0.00 sec)
```

我们把第二条查询语句用小括号扩起来，并作为一个操作数放到了第一条查询语句的搜索条件处，这样就起到了合并两条查询语句的作用。小括号中的查询语句也被称为子查询或者内层查询，而使用子查询的结果作为搜索条件的查询称为外层查询。如果在一个查询语句中需要用到更多的表，那么可以在一个子查询中继续嵌套另一个子查询，在执行查询语句时，将按照从内到外的顺序依次执行这些查询。

小贴士
　　　　　事实上，所有的子查询都必须用小括号扩起来，否则是非法的。

在这个例子中，子查询的结果只有一个值（也就是狗哥的学号），这种子查询称为标量子查询。正因为标量子查询单纯地代表一个值，所以它可以作为表达式的操作数来参与运算。标量子查询除了用在外层查询的搜索条件中，也可以放到查询列表处，比如这样：

```
mysql> SELECT (SELECT number FROM student_info WHERE name = '狗哥') AS 学号;
+----------+
| 学号     |
+----------+
| 20210101 |
+----------+
1 row in set (0.00 sec)
```

由于标量子查询单纯地代表一个值，因此可以与其他操作数通过运算符连接起来，组成更复杂的表达式。我们经常将这种包含标量子查询的表达式作为 WHERE 条件来使用。比方说，我们来查询学号大于狗哥的学号的学生成绩，可以这么写：

```
mysql> SELECT * FROM student_score WHERE number > (SELECT number FROM student_info WHERE name =
'狗哥');
+----------+--------------------+-------+
| number   | subject            | score |
+----------+--------------------+-------+
| 20210102 | MySQL是怎样运行的    |    98 |
| 20210102 | 计算机是怎样运行的   |   100 |
| 20210103 | MySQL是怎样运行的    |    61 |
| 20210103 | 计算机是怎样运行的   |    59 |
| 20210104 | MySQL是怎样运行的    |    46 |
| 20210104 | 计算机是怎样运行的   |    55 |
+----------+--------------------+-------+
6 rows in set (0.00 sec)
```

这样一来，结果集记录中的学号都大于狗哥的学号。

11.3   列子查询

如果我们想查询计算机科学与工程专业的学生的成绩，则需要先从 student_info 表中根据专业名称找到对应的学生学号，然后再通过学号到 student_score 表中找到对应的成绩信息。这样一来，这个问题的解决方案就是书写下面两个查询语句：

```
mysql> SELECT number FROM student_info WHERE major = '计算机科学与工程';
+----------+
| number   |
+----------+
| 20210101 |
| 20210102 |
+----------+
2 rows in set (0.00 sec)

mysql> SELECT * FROM student_score WHERE number IN (20210101, 20210102);
+----------+--------------------+-------+
| number   | subject            | score |
+----------+--------------------+-------+
| 20210101 | MySQL是怎样运行的   |    88 |
| 20210101 | 计算机是怎样运行的  |    78 |
| 20210102 | MySQL是怎样运行的   |    98 |
| 20210102 | 计算机是怎样运行的  |   100 |
+----------+--------------------+-------+
4 rows in set (0.00 sec)
```

第二条查询语句的搜索条件也用到了第一条查询语句的查询结果，我们自然可以想到把第一条查询语句作为内层查询，把第二条查询语句作为外层查询，从而将这两个查询语句合并为一个查询语句，就像这样：

```
mysql> SELECT * FROM student_score WHERE number IN (SELECT number FROM student_info WHERE
major = '计算机科学与工程');
+----------+--------------------+-------+
| number   | subject            | score |
+----------+--------------------+-------+
| 20210101 | MySQL是怎样运行的   |    88 |
| 20210101 | 计算机是怎样运行的  |    78 |
| 20210102 | MySQL是怎样运行的   |    98 |
| 20210102 | 计算机是怎样运行的  |   100 |
+----------+--------------------+-------+
4 rows in set (0.00 sec)
```

很显然，在这个例子中，子查询的结果集中并不是一个单独的值，而是一个列（number列，它包含 2 个值，分别是 20180101 和 20180102），所以这个子查询也称为列子查询。

11.4 行子查询

既然有列子查询，大家肯定就好奇有没有行子查询。当然有了，只要子查询的结果集中最多只包含一条记录，而且这条记录中有超过一个列的数据（如果该条记录只包含一个列的话，该子查询就成了标量子查询），那么这个子查询就可以称为行子查询，比如这样：

```
mysql> SELECT * FROM student_score WHERE (number, subject) = (SELECT number, 'MySQL是怎样运行
的' FROM student_info LIMIT 1);
+----------+--------------------+-------+
| number   | subject            | score |
+----------+--------------------+-------+
| 20210104 | MySQL是怎样运行的   |    46 |
```

```
+----------+-------------------+-------+
1 row in set (0.00 sec)
```

该子查询的查询列表是 "number, 'MySQL 是怎样运行的 '"，其中 number 是列名，'MySQL 是怎样运行的 ' 是一个常数。我们在子查询语句中添加了 LIMIT 1 子句，意味着子查询最多只能返回一条记录。该子查询就可以被看作一个行子查询。

小贴士

> 在想要得到标量子查询或者行子查询，但又不能保证子查询的结果集只有一条记录时，需要使用 LIMIT 1 子句来限制结果集中记录的数量。

另外，之前在唠叨表达式的时候提到，操作数都是单一的一个值。但是，上例中的子查询执行后产生的结果集是一个行（包含 2 个列），所以与其进行等值比较的另一个操作数也得包含 2 个值，在本例中是 (number, subject)（注意，这两个值必须用小括号扩起来，否则会产生歧义）。它表达的语义就是，先获取到子查询的执行结果，然后再执行外层查询，如果 student_score 中记录的 number 等于子查询结果中的 number 列，并且 subject 列等于子查询结果中的 'MySQL 是怎样运行的 '，那么就将该记录加入到结果集。

11.5　表子查询

如果子查询的结果集中包含多行多列，那么这个子查询也可以称为表子查询，比如这样：

```
mysql> SELECT * FROM student_score WHERE (number, subject) IN (SELECT number, 'MySQL是怎样运行
的' FROM student_info WHERE major = '计算机科学与工程');
+----------+-------------------+-------+
| number   | subject           | score |
+----------+-------------------+-------+
| 20210101 | MySQL是怎样运行的  |    88 |
| 20210102 | MySQL是怎样运行的  |    98 |
+----------+-------------------+-------+
2 rows in set (0.00 sec)
```

在这个例子中，子查询执行之后的结果集中包含多行多列，因此可以被看作是一个表子查询。

11.6　EXISTS 和 NOT EXISTS 子查询

有时外层查询并不关心子查询中的结果是什么，而只关心子查询的结果集是不是为空集，这时可以用到表 11.1 中的这两个运算符。

表 11.1　EXIST 和 NOT EXIST 运算符

运算符	示例	描述
EXISTS	EXISTS (SELECT ...)	当子查询结果集不是空集时表达式为真
NOT EXISTS	NOT EXISTS (SELECT ...)	当子查询结果集是空集时表达式为真

我们来举个例子：

```
mysql> SELECT * FROM student_score WHERE EXISTS (SELECT * FROM student_info WHERE number =
20210108);
Empty set (0.00 sec)
```

其中，子查询的意思是在 student_info 表中查找学号为 20210108 的学生信息。很显然并没有学号为 20180108 的学生，所以子查询的结果集是一个空集。于是 EXISTS 表达式的结果为 FALSE，所以外层查询也就不查了，直接返回一个 Empty set，表示没有结果。

小贴士
在包含 [NOT] EXISTS 子查询的语句中，由于我们只关心子查询的结果集是不是空集，而不关心具体结果是什么，所以子查询的查询列表中写啥都行，并不一定非得写 *。

11.7　不相关子查询和相关子查询

前面介绍的子查询可以独立运行并产生结果，之后再拿结果作为外层查询的条件去执行外层查询，这种子查询称为不相关子查询。比如下面这个查询：

```
mysql> SELECT * FROM student_score WHERE number = (SELECT number FROM student_info WHERE name =
'狗哥');
+----------+--------------------+-------+
| number   | subject            | score |
+----------+--------------------+-------+
| 20210101 | MySQL是怎样运行的    |    88 |
| 20210101 | 计算机是怎样运行的   |    78 |
+----------+--------------------+-------+
2 rows in set (0.00 sec)
```

在上面的子查询中只使用了 student_info 表而没有使用 student_score 表，它可以单独运行并产生结果，这就是一种典型的不相关子查询。

有时候，我们需要在子查询的语句中引用外层查询的列，这样的话子查询就不能当作一个独立的语句去执行，这种子查询称为相关子查询。比方说，我们想查看一些学生的基本信息，但前提是这些学生在 student_score 表中有成绩记录，此时可以这么写：

```
mysql> SELECT number, name, id_number, major FROM student_info WHERE EXISTS (SELECT * FROM
student_score WHERE student_score.number = student_info.number);
+----------+------+--------------------+------------------+
| number   | name | id_number          | major            |
+----------+------+--------------------+------------------+
| 20210101 | 狗哥 | 158177200301044792 | 计算机科学与工程  |
| 20210102 | 猫爷 | 151008200201178529 | 计算机科学与工程  |
| 20210103 | 艾希 | 17156320010116959X | 软件工程          |
| 20210104 | 亚索 | 141992200201078600 | 软件工程          |
+----------+------+--------------------+------------------+
4 rows in set (0.00 sec)
```

student_info 和 student_score 表中都有 number 列，所以在子查询的 WHERE 语句中书写 number ＝ number 会造成二义性，会把 MySQL 服务器搞懵，不知道这个 number 列到底是哪个表的。所以为了进行区分，这里在列名前面加上了表名，并用句点 . 连接起来，这种显式地将列所属的表名书写出来的名称称为该列的全限定名。上面子查询的 WHERE 语句中用了列的全限定名：student_score.number ＝ student_info.number。

可以按照下面的思路来理解上面的不相关子查询。

- 先从外层查询中取得 student_info 表的第 1 条记录，发现它的 number 列值是 20210101。然后把 20210101 作为参数传入到子查询中，此时的子查询相当于 SELECT ＊ FROM student_score WHERE student_score.number ＝ 20210101。这个子查询的结果集不为空集，所以整个 EXISTS 表达式的值为 TRUE，这也就意味着 student_info 表的第 1 条记录可以加入到结果集。
- 再从外层查询取得 student_info 表的第 2 条记录，发现它的 number 值是 20210102，此时的子查询相当于 SELECT ＊ FROM student_score WHERE student_score. number ＝ 20210102。这个子查询的结果集不为空集，所以整个 EXISTS 表达式的值为 TRUE，这也就意味着 student_info 表的第 2 条记录可以加入到结果集。
- 同上，student_info 表的第 3 条记录也可以加入到结果集。
- 同上，student_info 表的第 4 条记录也可以加入到结果集。
- 再从外层查询取得 student_info 表的第 5 条记录，发现它的 number 值是 20210105，此时的子查询相当于 SELECT ＊ FROM student_score WHERE student_score. number ＝ 20210105。这个子查询的结果集为空集，所以整个 EXISTS 表达式的值为 FALSE，这也就意味着 student_info 表的第 5 条记录不可以加入到结果集。
- 同上，student_info 表的第 6 条记录也不会加入到结果集。

所以整个查询的结果集中共包含 4 条记录。

其实总结一下上面的不相关子查询，它只是完成了下面两个任务：

- 从 student_info 表中获取一些学生信息；
- 这些学生信息必须符合条件，即这个学生必须在 student_score 表中有成绩记录。

11.8　对同一个表的子查询

其实，不只是在涉及多表查询的时候会用到子查询，有时在只涉及单表查询时也会用到子查询。比方说，我们想看看在 student_score 表中的 "MySQL 是怎样运行的" 这门课的成绩中，有哪些记录超过了平均分。我们的直觉是这么写：

```
mysql> SELECT * FROM student_score WHERE subject = 'MySQL是怎样运行的' AND score > AVG(score);
ERROR 1111 (HY000): Invalid use of group function
```

很抱歉，报错了！这是因为我们在上一章唠叨分组查询的时候强调过，汇总函数是用来对分组进行数据统计的（如果没有 GROUP BY 语句，则意味着全表的记录都归属于同一个分组），不能放到 WHERE 子句中。

如果想实现上面的需求，就需要搞一个 student_score 表的副本，也就相当于有了两个 student_score 表。我们在一个表中使用汇总函数统计，在统计完之后再拿着统计结果到另一个表中进行过滤。这个过程可以这么写：

```
mysql> SELECT * FROM student_score WHERE subject = 'MySQL是怎样运行的' AND score > (SELECT
AVG(score) FROM student_score WHERE subject = 'MySQL是怎样运行的');
+----------+-------------------+-------+
| number   | subject           | score |
+----------+-------------------+-------+
| 20210101 | MySQL是怎样运行的  |    88 |
| 20210102 | MySQL是怎样运行的  |    98 |
+----------+-------------------+-------+
2 rows in set (0.01 sec)
```

我们使用子查询先统计出了"MySQL 是怎样运行的"这门课的平均分，然后再到外层查询中使用由这个平均分组成的表达式作为搜索条件去查找大于平均分的记录。

第12章　连接查询

12.1　再次认识关系表

我们之前一直使用 `student_info` 和 `student_score` 这两个表来分别存储学生的基本信息和学生的成绩信息，其实也可以将这两张表合并成一张表。假设两张表合并后的新表名称为 `student_merge`，那它应该是表 12.1 所示的样子。

表 12.1　student_merge 表

number	name	sex	id_number	department	major	enrollment_time	subject	score
20210101	狗哥	男	158177200301044792	计算机学院	计算机科学与工程	2021-09-01	MySQL是怎样运行的	88
20210101	狗哥	男	158177200301044792	计算机学院	计算机科学与工程	2021-09-01	计算机是怎样运行的	78
20210102	猫爷	男	151008200201178529	计算机学院	计算机科学与工程	2021-09-01	MySQL是怎样运行的	98
20210102	猫爷	男	151008200201178529	计算机学院	计算机科学与工程	2021-09-01	计算机是怎样运行的	100
20210103	艾希	女	17156320010116959X	计算机学院	软件工程	2021-09-01	MySQL是怎样运行的	61
20210103	艾希	女	17156320010116959X	计算机学院	软件工程	2021-09-01	计算机是怎样运行的	59
20210104	亚索	男	141992200201078600	计算机学院	软件工程	2021-09-01	MySQL是怎样运行的	46
20210104	亚索	男	141992200201078600	计算机学院	软件工程	2021-09-01	计算机是怎样运行的	55
20210105	莫甘娜	女	181048200008156368	航天学院	飞行器设计	2021-09-01		
20210106	赵信	男	197995200201078445	航天学院	电子信息	2021-09-01		

有了这个合并后的表，我们就可以在一个查询语句中既查询学生的基本信息，也查询学生的成绩信息。比如这个查询语句：

```
SELECT number, name, major, subject, score FROM student_merge;
```

其中，查询列表处的 name 和 major 属于学生的基本信息，subject 和 score 属于学生的成绩信息，而 number 既属于成绩信息也属于基本信息。我们可以在一个对 student_merge 表的查询语句中很轻松地把这些信息都查询出来。

从 student_merge 表中查询信息虽然很简单，但 student_merge 表的劣势也是显而易见的。

- 浪费存储空间。

  每当为一个学生增加一门学科成绩时，就需要把该学生的基本信息再抄一遍。这意味着学生的基本信息会被重复存储。如果一个学生有 100 门学科成绩的记录，那么在 student_merge 表中就要重复存储 100 遍该学生的基本信息。

- 维护困难。

  当修改某个学生的基本信息时，必须修改多处，这很容易造成信息的不一致，增大维护的难度。

为了尽可能少地存储冗余信息，降低维护难度，我们一开始就把这个所谓的 student_merge 表拆分成了 student_info 和 student_score 表，但是这两张表之间有某种关系作为纽带，这里的某种关系指的就是两个表都拥有的 number 列。

12.2 连接的概念

将 student_merge 表拆分成 student_info 和 student_score 表之后，的确解决了数据冗余问题，但是数据查询却成了一个问题。目前为止，我们还无法在一条查询语句中把某个学生的 number、name、major、subject、score 这几个列的信息都查询出来。

小贴士

　　虽然前面介绍的子查询可以在一个查询语句中涉及多个表，但是整个查询语句最终产生的结果集还是用来展示外层查询的结果，子查询的结果只是被当作中间结果来使用。

时代在召唤一种可以在一个查询语句结果集中展示多个表的信息的方式，连接查询承担了这个艰巨的使命。当然，为了故事的顺利发展，我们先建立两个简单的表并给它们填充一点数据：

```
mysql> CREATE TABLE t1 (m1 int, n1 char(1));
Query OK, 0 rows affected (0.03 sec)

mysql> CREATE TABLE t2 (m2 int, n2 char(1));
Query OK, 0 rows affected (0.02 sec)

mysql> INSERT INTO t1 VALUES(1, 'a'), (2, 'b'), (3, 'c');
Query OK, 3 rows affected (0.01 sec)
Records: 3  Duplicates: 0  Warnings: 0
```

```
mysql> INSERT INTO t2 VALUES(2, 'b'), (3, 'c'), (4, 'd');
Query OK, 3 rows affected (0.00 sec)
Records: 3  Duplicates: 0  Warnings: 0
```

我们成功建立了 t1、t2 两个表，这两个表都有两个列，一个是 INT 类型的，另一个是
CHAR(1) 类型的。填充好数据的这两个表长这样：

```
mysql> SELECT * FROM t1;
+------+------+
| m1   | n1   |
+------+------+
|    1 | a    |
|    2 | b    |
|    3 | c    |
+------+------+
3 rows in set (0.00 sec)

mysql> SELECT * FROM t2;
+------+------+
| m2   | n2   |
+------+------+
|    2 | b    |
|    3 | c    |
|    4 | d    |
+------+------+
3 rows in set (0.00 sec)
```

两个表连接的本质就是把一个表中的记录与另一个表中的记录两两相互组合，将组合后的
记录加入到最终的结果集。把 t1 和 t2 两个表连接起来的过程如图 12.1 所示。

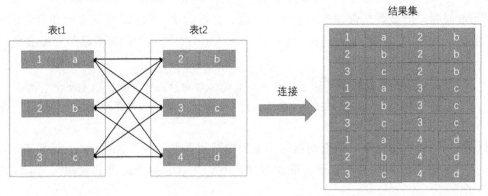

图 12.1　将 t1 和 t2 表连接起来

这个过程看起来就是把 t1 表的记录和 t2 表的记录连起来组成新的更大的记录，所以这
个查询过程称为连接查询。

在没有任何过滤条件的情况下，两个表连接起来生成的结果集也被称作笛卡儿积。因为表
t1 中有 3 条记录，表 t2 中也有 3 条记录，所以这两个表连接之后的笛卡儿积就有 3×3=9
条记录。

在 MySQL 中，连接查询的语法也很随意，只要在 FROM 语句后面跟多个用逗号（，）隔

开的表名就好了。比如把 t1 表和 t2 表连接起来的查询语句可以写成这样：

```
mysql> SELECT * FROM t1, t2;
+------+------+------+------+
| m1   | n1   | m2   | n2   |
+------+------+------+------+
|    1 | a    |    2 | b    |
|    2 | b    |    2 | b    |
|    3 | c    |    2 | b    |
|    1 | a    |    3 | c    |
|    2 | b    |    3 | c    |
|    3 | c    |    3 | c    |
|    1 | a    |    4 | d    |
|    2 | b    |    4 | d    |
|    3 | c    |    4 | d    |
+------+------+------+------+
9 rows in set (0.00 sec)
```

查询列表处的 * 代表要读取 FROM 子句中每个表的所有列。上面的查询语句其实和下面这几种写法都是等价的：

- 写法 1：

```
SELECT t1.m1, t1.n1, t2.m2, t2.n2 FROM t1, t2;
```

这种写法是将 t1、t2 表中的列名都显式地写出来，也就是使用了列的全限定名。

- 写法 2：

```
SELECT m1, n1, m2, n2 FROM t1, t2;
```

由于 t1、t2 表中的列名并不重复，所以没有可能让服务器发懵的二义性，因此在查询列表上直接使用列名也是可以的。

- 写法 3：

```
SELECT t1.*, t2.* FROM t1, t2;
```

这种写法的意思就是查询 t1 表的全部的列以及 t2 表的全部的列。

12.3 连接查询过滤条件

如果乐意，我们可以连接任意数量的表。但是，如果没有任何限制条件，这些表连接起来产生的笛卡儿积将是非常巨大的。比方说各自有 100 条记录的 3 张表连接起来后产生的笛卡儿积就有 $100 \times 100 \times 100 = 1000000$ 行记录！我们有必要在进行连接查询时指定过滤条件。

连接查询中的过滤条件可以分成两种。

- 涉及单表的条件。
  这种只涉及单表的过滤条件已经提到过好多遍了，前面也一直称为搜索条件，比如 t1.m1 > 1 是只针对 t1 表的过滤条件，t2.n2 < 'd' 是只针对 t2 表的过滤条件。
- 涉及两表的条件。
  这种过滤条件我们之前没见过，比如 t1.m1 = t2.m2、t1.n1 > t2.n2 等，这些条件中涉及两个表，我们稍后会仔细分析这种过滤条件是如何使用的。

下面来看一下携带过滤条件的连接查询的大致执行过程。比方说下面这个查询语句：

```
SELECT * FROM t1, t2 WHERE t1.m1 > 1 AND t1.m1 = t2.m2 AND t2.n2 < 'd';
```

在这个查询中，指明了下面这 3 个过滤条件：

- `t1.m1 > 1`
- `t1.m1 = t2.m2`
- `t2.n2 < 'd'`

那么，这个连接查询的大致执行过程如下。

1. 首先确定第一个需要查询的表，这个表称为驱动表。这里假设使用 `t1` 作为驱动表，那么就需要在 `t1` 表中查找满足 `t1.m1 > 1` 的记录。`t1` 表中符合这个条件的记录如下所示：

```
+------+------+
| m1   | n1   |
+------+------+
|    2 | b    |
|    3 | c    |
+------+------+
2 rows in set (0.01 sec)
```

可以看到，`t1` 表中符合 `t1.m1 > 1` 的记录有两条。

2. 针对满足 `t1.m1 > 1` 条件的驱动表中的每条记录，都需要到 `t2` 表中查找匹配的记录（所谓匹配的记录，指的是符合过滤条件的记录）。因为是根据 `t1` 表中的记录去查找 `t2` 表中的记录，所以 `t2` 表也可以称为被驱动表。满足 `t1.m1 > 1` 条件的驱动表中的记录总共有 2 条，这也就意味着需要查询 2 次 `t2` 表。此时涉及两个表的列的过滤条件 `t1.m1 = t2.m2` 就派上用场了。

   - 对于从 `t1` 表中查询得到的第一条记录，也就是当 `t1.m1 = 2`，`t1.n1 = 'b'` 时，过滤条件 `t1.m1 = t2.m2` 就相当于 `t2.m2 = 2`，所以此时 `t2` 表相当于有了 `t2.m2 = 2` 和 `t2.n2 < 'd'` 这两个过滤条件。然后到 `t2` 表中执行单表查询，将得到的记录与从 `t1` 表中查询得到的第一条记录相组合，得到下面的结果：

     ```
     +------+------+------+------+
     | m1   | n1   | m2   | n2   |
     +------+------+------+------+
     |    2 | b    |    2 | b    |
     +------+------+------+------+
     ```

   - 对于从 `t1` 表种查询得到的第二条记录，也就是当 `t1.m1 = 3`，`t1.n1 = 'c'` 时，过滤条件 `t1.m1 = t2.m2` 就相当于 `t2.m2 = 3`，所以此时 `t2` 表相当于有了 `t2.m2 = 3` 和 `t2.n2 < 'd'` 这两个过滤条件。然后到 `t2` 表中执行单表查询，将得到的记录和从 `t1` 表中查询得到的第二条记录相组合，得到下面的结果：

     ```
     +------+------+------+------+
     | m1   | n1   | m2   | n2   |
     ```

```
+------+------+------+------+
|    3 | c    |    3 | c    |
+------+------+------+------+
```

所以执行完整个连接查询后，最后得到的结果集就是这样：

```
+------+------+------+------+
| m1   | n1   | m2   | n2   |
+------+------+------+------+
|    2 | b    |    2 | b    |
|    3 | c    |    3 | c    |
+------+------+------+------+
2 rows in set (0.00 sec)
```

从上面这两个步骤可以看出来，上面唠叨的这个两表连接查询共需要查询 1 次 t1 表、2 次 t2 表。当然这是在特定的过滤条件下的结果，如果把 t1.m1 > 1 条件去掉，那么从 t1 表中查出的记录就有 3 条，就需要查询 3 次 t2 表了。也就是说在两表连接查询中，驱动表只需要查询一次，而被驱动表可能会被查询多次。

12.4　内连接和外连接

在了解了连接查询的执行过程之后，我们再把视角转回到 student_info 表和 student_score 表。现在我们想在一个查询语句中既查询学生的基本信息，也查询学生的成绩信息，这就需要进行两表连接了。连接过程就是从 student_info 表中取出记录，在 student_score 表中查找 number 值相同的成绩记录，过滤条件就是 student_info. number = student_score.number。整个查询语句就是这样：

```
mysql> SELECT student_info.number, name, major, subject, score FROM student_info, student_
score WHERE student_info.number = student_score.number;
+----------+------+--------------------+---------------------+-------+
| number   | name | major              | subject             | score |
+----------+------+--------------------+---------------------+-------+
| 20210101 | 狗哥 | 计算机科学与工程   | MySQL是怎样运行的    |    88 |
| 20210101 | 狗哥 | 计算机科学与工程   | 计算机是怎样运行的   |    78 |
| 20210102 | 猫爷 | 计算机科学与工程   | MySQL是怎样运行的    |    98 |
| 20210102 | 猫爷 | 计算机科学与工程   | 计算机是怎样运行的   |   100 |
| 20210103 | 艾希 | 软件工程           | MySQL是怎样运行的    |    61 |
| 20210103 | 艾希 | 软件工程           | 计算机是怎样运行的   |    59 |
| 20210104 | 亚索 | 软件工程           | MySQL是怎样运行的    |    46 |
| 20210104 | 亚索 | 软件工程           | 计算机是怎样运行的   |    55 |
+----------+------+--------------------+---------------------+-------+
8 rows in set (0.00 sec)
```

小贴士　　student_info 表和 student_score 表都有 number 列，不过我们在上面的查询语句的查询列表中只放置了 student_info 表的 number 列。这是因为我们的过滤条件是 student_info.number = student_score.number，结果集中每条记录的 number 列都相同，所以只需要放置一个表中的 number 列到查询列表就可以了。也就是说，我们把 student_score.number 列放到查询列表处也是可以的。

从上述查询结果中可以看到，各个同学对应的各科成绩都查出来了，不过莫甘娜和赵信同学，也就是学号为 20210105 和 20210106 的同学，因为某些原因没有参加考试，所以在 studnet_score 表中没有对应的成绩记录（也就是针对 student_info 表中 number 列为 20210105 和 20210106 的记录，在 student_score 表中找不到符合 student_info.number = student_score.number 条件的记录）。

如果老师想查看所有同学的考试成绩，即使是缺考的同学也应该展示出来，目前为止我们介绍的连接查询还无法完成这样的需求。我们稍微思考一下这个需求，它的本质是：驱动表中的记录即使在被驱动表中没有匹配的记录，也需要加入到结果集中。为了解决这个问题，就有了内连接和外连接的概念。

- 对于内连接的两个表，如果驱动表中的记录在被驱动表中找不到匹配的记录，则该记录不会加入到最后的结果集中。上面提到的连接都是所谓的内连接。
- 对于外连接的两个表，即使驱动表中的记录在被驱动表中没有匹配的记录，也仍然需要加入到结果集中。

可是这样仍然存在问题。对于外连接来说，有时候我们并不想把驱动表的全部记录都加入到最后的结果集中（比方说，有的老师想查看学号大于 20210102 的学生信息以及考试成绩）。这就犯难了——驱动表记录有时候匹配失败要加入结果集，有时候又不要加入结果集。这咋办，有点儿犯愁啊！

嗳？！只要我们把过滤条件分为两种不就解决这个问题了么。所以，在 WHERE 子句之外，又引入了 ON 子句。WHERE 子句中的过滤条件和 ON 子句中的过滤条件拥有不同的含义。

- WHERE 子句中的过滤条件
  我们之前一直把过滤条件放到 WHERE 子句中，不论是内连接还是外连接，凡是不符合 WHERE 子句中过滤条件的记录都不会被加入最后的结果集。
- ON 子句中的过滤条件
  对于外连接的驱动表的记录来说，如果无法在被驱动表中找到匹配 ON 子句中过滤条件的记录，那么该驱动表记录仍然会被加入到结果集中，对应的被驱动表记录的各个字段使用 NULL 值填充。

需要注意的是，这个 ON 子句的特殊作用只有在外连接查询中才会得以体现。如果把 ON 子句放到内连接中，MySQL 会把它和 WHERE 子句一样对待。也就是说，内连接中的 WHERE 子句和 ON 子句是等价的。

12.4.1　连接语法

在 MySQL 中，根据选取的驱动表的不同，外连接可以细分为左（外）连接和右（外）连接两种。

　　　左（外）连接和右（外）连接简称为左连接和右连接，"外"字用括号扩起来，表示这个字儿可有可无。

1. 左（外）连接的语法

比如我们要把 t1 表和 t2 表进行左（外）连接查询，可以这么写：

```
SELECT * FROM t1 LEFT [OUTER] JOIN t2 ON 过滤条件 [WHERE 过滤条件];
```

其中，中括号里的 OUTER 单词是可以省略的。对于（左）外连接来说，我们把放在 LEFT [OUTER] JOIN 中左侧的表称为外表或者驱动表，右侧的表称为内表或者被驱动表。所以在上述语句中，t1 就是外表或者驱动表，t2 就是内表或者被驱动表。通常会将涉及两表的过滤条件放到 ON 子句中（当然也不是绝对的，用户怎么指定过滤条件是用户的自由）。

需要注意的是，对于左（外）连接和右（外）连接来说，ON 子句中的过滤条件是不能省略的。

在了解了左（外）连接的基本语法之后，再次回到上面那个现实问题中来，看看怎样写查询语句才能把所有的学生的成绩信息都查询出来，即使是缺考的考生也应该被放到结果集中：

```
mysql> SELECT student_info.number, name, major, subject, score FROM student_info LEFT JOIN
student_score ON student_info.number = student_score.number;
+----------+--------+------------------+--------------------+-------+
| number   | name   | major            | subject            | score |
+----------+--------+------------------+--------------------+-------+
| 20210101 | 狗哥   | 计算机科学与工程 | MySQL是怎样运行的  |    88 |
| 20210101 | 狗哥   | 计算机科学与工程 | 计算机是怎样运行的 |    78 |
| 20210102 | 猫爷   | 计算机科学与工程 | MySQL是怎样运行的  |    98 |
| 20210102 | 猫爷   | 计算机科学与工程 | 计算机是怎样运行的 |   100 |
| 20210103 | 艾希   | 软件工程         | MySQL是怎样运行的  |    61 |
| 20210103 | 艾希   | 软件工程         | 计算机是怎样运行的 |    59 |
| 20210104 | 亚索   | 软件工程         | MySQL是怎样运行的  |    46 |
| 20210104 | 亚索   | 软件工程         | 计算机是怎样运行的 |    55 |
| 20210105 | 莫甘娜 | 飞行器设计       | NULL               |  NULL |
| 20210106 | 赵信   | 电子信息         | NULL               |  NULL |
+----------+--------+------------------+--------------------+-------+
10 rows in set (0.00 sec)
```

从结果集中可以看出，虽然莫甘娜和赵信并没有对应的成绩记录，但是由于采用的连接类型为左（外）连接，所以仍然把他们对应的驱动表记录放到了结果集中，只不过在对应的被驱动表各列中使用 NULL 填充而已。

2. 右（外）连接的语法

右（外）连接和左（外）连接的原理是一样的，语法也只是把 LEFT 换成 RIGHT 而已：

```
SELECT * FROM t1 RIGHT [OUTER] JOIN t2 ON 连接条件 [WHERE 普通过滤条件];
```

只不过驱动表是 RIGHT [OUTER] JOIN 右侧的表，被驱动表是左侧的表。

12.4.2　内连接的语法

再次强调一遍，内连接和外连接的根本区别就是在驱动表中的记录不符合 ON 子句中的过滤条件时，内连接不会把该驱动表记录加入到最后的结果集；而外连接会。

最简单的内连接语法就是直接把需要连接的多个表都放到 FROM 子句后面（这也是我们最

开始介绍连接查询时使用的方式）。除此之外，MySQL 还提供了其他多种进行内连接查询的语法。我们以 t1 和 t2 表进行内连接查询为例来看一下：

```
SELECT * FROM t1 [INNER | CROSS] JOIN t2 [ON 过滤条件] [WHERE 过滤条件];
```

也就是说在 MySQL 中，下面这几种内连接的写法都是等价的：

- SELECT * FROM t1 JOIN t2;
- SELECT * FROM t1 INNER JOIN t2;
- SELECT * FROM t1 CROSS JOIN t2;

上面的这些写法和直接把需要连接的表名放到 FROM 语句之后，再用逗号分隔开的写法是等价的：

```
SELECT * FROM t1, t2;
```

现在虽然介绍了多种内连接的书写方式，不过大家熟悉其中一种就好了。这里推荐以 INNER JOIN 的形式书写内连接（因为 INNER JOIN 的语义很明确，可以与 LEFT JOIN 和 RIGHT JOIN 轻松地区分开）。这里需要注意的是，由于在内连接中 ON 子句和 WHERE 子句是等价的，所以内连接中不要求强制写明 ON 子句。

12.4.3　小结

前面说了很多，给大家的感觉不是很直观。我们直接把表 t1 和 t2 的 3 种连接方式写在一起，这样大家理解起来就很简单了：

```
mysql> SELECT * FROM t1 INNER JOIN t2 ON t1.m1 = t2.m2;
+------+------+------+------+
| m1   | n1   | m2   | n2   |
+------+------+------+------+
|    2 | b    |    2 | b    |
|    3 | c    |    3 | c    |
+------+------+------+------+
2 rows in set (0.00 sec)

mysql> SELECT * FROM t1 LEFT JOIN t2 ON t1.m1 = t2.m2;
+------+------+------+------+
| m1   | n1   | m2   | n2   |
+------+------+------+------+
|    2 | b    |    2 | b    |
|    3 | c    |    3 | c    |
|    1 | a    | NULL | NULL |
+------+------+------+------+
3 rows in set (0.00 sec)

mysql> SELECT * FROM t1 RIGHT JOIN t2 ON t1.m1 = t2.m2;
+------+------+------+------+
| m1   | n1   | m2   | n2   |
+------+------+------+------+
|    2 | b    |    2 | b    |
|    3 | c    |    3 | c    |
| NULL | NULL |    4 | d    |
```

```
+------+------+------+------+
3 rows in set (0.00 sec)
```

　　连接查询产生的结果集就好像把散布到两个表中的信息重新粘贴到了一个表中。这个粘贴后的结果集可以方便我们分析数据，而不用老是两个表对照着看了。

12.5　多表连接

　　前面说过，如果乐意的话我们可以连接任意数量的表。我们再来创建一个简单的 t3 表：

```
mysql> CREATE TABLE t3 (m3 int, n3 char(1));
Query OK, 0 rows affected (0.03 sec)

mysql> INSERT INTO t3 VALUES(3, 'c'), (4, 'd'), (5, 'e');
Query OK, 3 rows affected (0.01 sec)
Records: 3  Duplicates: 0  Warnings: 0
```

　　与 t1 和 t2 表的结构一样，t3 也包含一个 INT 列和一个 CHAR(1) 列。现在看一下把这 3 个表进行连接查询的样子：

```
mysql> SELECT * FROM t1 INNER JOIN t2 INNER JOIN t3 WHERE t1.m1 = t2.m2 AND t1.m1 = t3.m3;
+------+------+------+------+------+------+
| m1   | n1   | m2   | n2   | m3   | n3   |
+------+------+------+------+------+------+
|    3 | c    |    3 | c    |    3 | c    |
+------+------+------+------+------+------+
1 row in set (0.00 sec)
```

　　其实上面的查询语句也可以写成下面这样：

```
SELECT * FROM t1 INNER JOIN t2 ON t1.m1 = t2.m2 INNER JOIN t3 ON t1.m1 = t3.m3;
```

　　我们可以将上面这个多表连接查询理解成 t1 和 t2 表先进行连接查询，它们进行连接查询后的结果集再和 t3 表进行连接查询。其实不管是多少个表进行连接，本质上就是各个表的记录在符合过滤条件下的自由组合。

> 　　不论是进行内连接还是外连接，两表连接产生的笛卡儿积肯定是一样的。对于内连接来说，由于凡是不符合 ON 子句或 WHERE 子句中条件的记录都会被过滤掉，其实也就相当于从两表连接的笛卡儿积中把不符合过滤条件的记录给踢出去。驱动表和被驱动表是否互换并不会影响内连接查询的结果。但是对于外连接来说，即使驱动表中的记录在被驱动表中找不到符合 ON 子句连接条件的记录，也会被加入结果集。所以此时驱动表和被驱动表的关系就很重要了。也就是说，左（外）连接和右（外）连接的驱动表和被驱动表不能轻易互换。
>
> 　　这里旨在说明在内连接中驱动表和被驱动表可以互换，在外连接中驱动表和被驱动表不可轻易互换，并不是说在执行连接查询时需要先生成笛卡儿积（想想都会觉得生成笛卡儿积是一个很慢的过程）。

小贴士

12.6 表的别名

我们在前文中曾经为列命名过别名，比如说这样：

```
mysql> SELECT number AS xuehao FROM student_info;
+----------+
| xuehao   |
+----------+
| 20210104 |
| 20210102 |
| 20210101 |
| 20210103 |
| 20210105 |
| 20210106 |
+----------+
6 rows in set (0.00 sec)
```

还可以把列的别名用在 ORDER BY、GROUP BY 等子句上，比如这样：

```
mysql> SELECT number AS xuehao FROM student_info ORDER BY xuehao DESC;
+----------+
| xuehao   |
+----------+
| 20210106 |
| 20210105 |
| 20210104 |
| 20210103 |
| 20210102 |
| 20210101 |
+----------+
6 rows in set (0.00 sec)
```

与列的别名类似，我们也可以为表定义别名，其格式与定义列的别名一致，都是用空白字符或者 AS 隔开。在表名特别长的情况下，为表定义别名可以让语句更清晰一些，比如这样：

```
mysql> SELECT s1.number, s1.name, s1.major, s2.subject, s2.score FROM student_info AS s1
INNER JOIN student_score AS s2 WHERE s1.number = s2.number;
+----------+------+------------------+---------------------+-------+
| number   | name | major            | subject             | score |
+----------+------+------------------+---------------------+-------+
| 20210101 | 狗哥 | 计算机科学与工程 | MySQL是怎样运行的    |    88 |
| 20210101 | 狗哥 | 计算机科学与工程 | 计算机是怎样运行的   |    78 |
| 20210102 | 猫爷 | 计算机科学与工程 | MySQL是怎样运行的    |    98 |
| 20210102 | 猫爷 | 计算机科学与工程 | 计算机是怎样运行的   |   100 |
| 20210103 | 艾希 | 软件工程         | MySQL是怎样运行的    |    61 |
| 20210103 | 艾希 | 软件工程         | 计算机是怎样运行的   |    59 |
| 20210104 | 亚索 | 软件工程         | MySQL是怎样运行的    |    46 |
| 20210104 | 亚索 | 软件工程         | 计算机是怎样运行的   |    55 |
+----------+------+------------------+---------------------+-------+
8 rows in set (0.00 sec)
```

在这个例子中，我们在 FROM 子句中给 student_info 定义了一个别名 s1，给 student_score 定义了一个别名 s2，那么在整个查询语句的其他地方就可以引用这个别名来替代该表本身的名字了。

12.7　自连接

前文介绍的都是多个不同的表之间的连接，其实同一个表也可以进行连接。比方说，我们可以针对两个 t1 表来生成笛卡儿积，就像这样：

```
mysql> SELECT * FROM t1, t1;
ERROR 1066 (42000): Not unique table/alias: 't1'
```

咦？报了个错！这是因为 MySQL 中不允许 FROM 子句中出现相同的表名，为表定义一下别名就好了：

```
mysql> SELECT * FROM t1 AS table1, t1 AS table2;
+------+------+------+------+
| m1   | n1   | m1   | n1   |
+------+------+------+------+
|    1 | a    |    1 | a    |
|    2 | b    |    1 | a    |
|    3 | c    |    1 | a    |
|    1 | a    |    2 | b    |
|    2 | b    |    2 | b    |
|    3 | c    |    2 | b    |
|    1 | a    |    3 | c    |
|    2 | b    |    3 | c    |
|    3 | c    |    3 | c    |
+------+------+------+------+
9 rows in set (0.01 sec)
```

这里相当于我们为 t1 表定义了两个副本：一个是 table1；另一个是 table2。这里的连接过程就不赘述了，大家可以把它们当作不同的表，只不过表中的数据恰好相同。由于被连接的表其实是源自同一个表，所以这种连接也称为自连接。

我们看一下这个自连接的现实意义。比方说，我们想查看与狗哥专业相同的学生有哪些，可以这么写：

```
mysql> SELECT s2.number, s2.name, s2.major FROM student_info AS s1 INNER JOIN student_info AS
s2 WHERE s1.major = s2.major AND s1.name = '狗哥' ;
+----------+------+------------------+
| number   | name | major            |
+----------+------+------------------+
| 20210101 | 狗哥 | 计算机科学与工程 |
| 20210102 | 猫爷 | 计算机科学与工程 |
+----------+------+------------------+
2 rows in set (0.00 sec)
```

s1、s2 都可以看作 student_info 表的一个副本。我们可以把 s1 表当作驱动表，把 s2 表当作被驱动表，可以这样理解这个查询。

- 以 s1 表作为驱动表，先从 s1 表中找到符合 s1.name = '狗哥' 条件的记录，相当于执行：

```
SELECT major FROM student_info AS s1 WHERE s1.name = '狗哥';
```

只能得到一条记录：

```
+------------------+
| major            |
+------------------+
| 计算机科学与工程  |
+------------------+
```

- 针对获取到的每一条驱动表记录，都到被驱动表中寻找匹配过滤条件 s1.major = s2.major 的记录。我们只获取到一条驱动表记录，该记录的 s1.major 列的值为"计算机科学与工程"，那么在查询被驱动表 s2 表时，过滤条件 s1.major = s2.major 就变成了 '计算机科学与工程' = s2.major，其实就相当于执行：

```
SELECT number, name, major FROM student_info AS s1 WHERE '计算机科学与工程' = s2.major;
```

于是查询到 2 条记录（即最终的结果集）：

```
+----------+------+------------------+
| number   | name | major            |
+----------+------+------------------+
| 20210101 | 狗哥  | 计算机科学与工程  |
| 20210102 | 猫爷  | 计算机科学与工程  |
+----------+------+------------------+
```

12.8　连接查询与子查询的转换

有的查询需求既可以使用连接查询解决，也可以使用子查询解决，比如：

```
SELECT s2.* FROM student_info AS s1 INNER JOIN student_score AS s2 WHERE s1.number =
s2.number AND s1.major = '计算机科学与工程';
```

就可以被替换为包含子查询的语句：

```
SELECT * FROM student_score WHERE number IN (SELECT number FROM student_info WHERE major =
'计算机科学与工程');
```

大家在实际使用时可以按照自己的习惯来书写查询语句。

小贴士

　　MySQL 服务器在内部可能会将子查询转换为连接查询来处理，当然也可能用别的方式来处理。不过对于刚入门的小白用户来说，这些都不重要，知道如何书写查询语句从而得到正确的结果就好了！

第13章 并集查询

每个查询语句都有其相应的结果集，我们可以将多个查询语句的结果集合并起来，这可以称为并集查询。

13.1 涉及单表的并集查询

比方说，我们有下面这两个查询语句：

```
mysql> SELECT m1 FROM t1 WHERE m1 < 2;
+------+
| m1   |
+------+
|    1 |
+------+
1 row in set (0.00 sec)

mysql> SELECT m1 FROM t1 WHERE m1 > 2;
+------+
| m1   |
+------+
|    3 |
+------+
1 row in set (0.00 sec)
```

如果想把上面两个查询语句的结果集合并到一个大的结果集中，一个简单的方式当然是使用 OR 运算符把两个查询语句中的搜索条件连起来，就像这样：

```
mysql> SELECT m1 FROM t1 WHERE m1 < 2 OR m1 > 2;
+------+
| m1   |
+------+
|    1 |
|    3 |
+------+
2 rows in set (0.00 sec)
```

除了这种方式，还可以使用 UNION 将两个查询语句连在一起，就像这样：

```
mysql> SELECT m1 FROM t1 WHERE m1 < 2 UNION SELECT m1 FROM t1 WHERE m1 > 2;
+------+
| m1   |
+------+
|    1 |
|    3 |
```

```
+------+
2 rows in set (0.01 sec)
```

多个查询语句也可以直接用 UNION 连接起来：

```
mysql> SELECT m1 FROM t1 WHERE m1 < 2 UNION SELECT m1 FROM t1 WHERE m1 > 2 UNION SELECT m1
FROM t1 WHERE m1 = 2;
+------+
| m1   |
+------+
|    1 |
|    3 |
|    2 |
+--- ---+
3 rows in set (0.00 sec)
```

当然，并不是说使用 UNION 连接起来的各个查询语句的查询列表处只能包含一个表达式，包含多个表达式也是可以的，只要表达式数量相同就可以了。比如下面这个使用 UNION 连接起来的各个查询语句的查询列表处都包含 2 个表达式：：

```
mysql> SELECT m1, n1 FROM t1 WHERE m1 < 2 UNION SELECT m1, n1 FROM t1 WHERE m1 > 2;
+------+------+
| m1   | n1   |
+------+------+
|    1 | a    |
|    3 | c    |
+------+------+
2 rows in set (0.00 sec)
```

设计 MySQL 的大叔建议，在使用 UNION 连接起来的各个查询语句的查询列表中，位置相同的表达式的类型应该是相同的。当然，这不是硬性要求，如果不相同的话，MySQL 会进行必要的类型转换。比方说下面这个并集查询语句：

```
mysql> SELECT m1, n1 FROM t1 WHERE m1 < 2 UNION SELECT n1, m1 FROM t1 WHERE m1 > 2;
+------+------+
| m1   | n1   |
+------+------+
| 1    | a    |
| c    | 3    |
+------+------+
2 rows in set (0.01 sec)
```

在这个使用 UNION 连接起来的两个查询中，第一个语句的查询列表是 m1，n1，第二个查询语句的查询列表是 n1，m1，最后结果集中显示的列名将以第一个语句中的查询列表为准。

13.2　涉及不同表的并集查询

当然，如果只在同一个表中进行并集查询，并不能体现出并集查询的强大，并集查询更多地还是被用在涉及不同表的查询语句中。比方说下面这两个查询：

```
mysql> SELECT m1, n1 FROM t1 WHERE m1 < 2;
+------+------+
| m1   | n1   |
+------+------+
|    1 | a    |
+------+------+
1 row in set (0.00 sec)

mysql> SELECT m2, n2 FROM t2 WHERE m2 > 2;
+------+------+
| m2   | n2   |
+------+------+
|    3 | c    |
|    4 | d    |
+------+------+
2 rows in set (0.00 sec)
```

第一个查询是从 t1 表中查询 m1，n1 这两个列的数据，第二个查询是从 t2 表中查询 m2，n2 这两个列的数据。我们可以使用 UNION 直接将这两个查询语句拼接到一起：

```
mysql> SELECT m1, n1 FROM t1 WHERE m1 < 2 UNION SELECT m2, n2 FROM t2 WHERE m2 > 2;
+------+------+
| m1   | n1   |
+------+------+
|    1 | a    |
|    3 | c    |
|    4 | d    |
+------+------+
3 rows in set (0.01 sec)
```

13.3　包含或去除重复的行

我们看下面这两个查询：

```
mysql> SELECT m1, n1 FROM t1;
+------+------+
| m1   | n1   |
+------+------+
|    1 | a    |
|    2 | b    |
|    3 | c    |
+------+------+
3 rows in set (0.00 sec)

mysql> SELECT m2, n2 FROM t2;
+------+------+
| m2   | n2   |
+------+------+
|    2 | b    |
|    3 | c    |
|    4 | d    |
+------+------+
3 rows in set (0.00 sec)
```

很显然，t1 表中有 3 条记录，t2 表中有 3 条记录，下面使用 UNION 把它们合并起来看一下：

```
mysql> SELECT m1, n1 FROM t1 UNION SELECT m2, n2 FROM t2;
+------+------+
| m1   | n1   |
+------+------+
|    1 | a    |
|    2 | b    |
|    3 | c    |
|    4 | d    |
+------+------+
4 rows in set (0.00 sec)
```

为什么合并后的结果只剩下 4 条记录了呢？原因是使用并集查询会默认过滤掉结果集中重复的记录。由于 t1 表和 t2 表都有 (2，b)、(3，c) 这两条记录，所以合并后的结果集就把它俩去重了。如果想要保留重复记录，可以使用 UNION ALL 来连接多个查询：

```
mysql> SELECT m1, n1 FROM t1 UNION ALL SELECT m2, n2 FROM t2;
+------+------+
| m1   | n1   |
+------+------+
|    1 | a    |
|    2 | b    |
|    3 | c    |
|    2 | b    |
|    3 | c    |
|    4 | d    |
+------+------+
6 rows in set (0.00 sec)
```

13.4 并集查询中的 ORDER BY 和 LIMIT 子句

并集查询会把各个查询的结果汇集到一块，如果我们想对最终的结果集进行排序或者只保留几行的话，可以在并集查询的语句末尾加上 ORDER BY 和 LIMIT 子句。比如下面的查询语句就是将并集查询的结果集按照 m1 列排序，并且限制结果集中只能包含 2 条记录：

```
mysql> SELECT m1, n1 FROM t1 UNION SELECT m2, n2 FROM t2 ORDER BY m1 DESC LIMIT 2;
+------+------+
| m1   | n1   |
+------+------+
|    4 | d    |
|    3 | c    |
+------+------+
2 rows in set (0.00 sec)
```

如果我们能为各个小的查询语句加上括号那就更清晰了，就像这样：

```
mysql> (SELECT m1, n1 FROM t1) UNION (SELECT m2, n2 FROM t2) ORDER BY m1 DESC LIMIT 2;
+------+------+
| m1   | n1   |
```

```
+------+------+
|    4 | d    |
|    3 | c    |
+------+------+
2 rows in set (0.01 sec)
```

这里需要注意的一点是，由于并集查询的结果集展示的列名是第一个查询中给定的列名，所以 ORDER BY 子句中指定的排序列也必须是第一个查询中给定的列名。

这里突然有了一个大胆的想法：我们只想单独为各个小的查询排序，而不为最终的汇集后的结果集排序，这样行不行呢？试试看：

```
mysql> (SELECT m1, n1 FROM t1 ORDER BY m1 DESC) UNION (SELECT m2, n2 FROM t2 ORDER BY m2
DESC);
+------+------+
| m1   | n1   |
+------+------+
|    1 | a    |
|    2 | b    |
|    3 | c    |
|    4 | d    |
+------+------+
4 rows in set (0.00 sec)
```

从结果来看，我们为各个小查询加入的 ORDER BY 子句好像并没有起作用，这是因为设计 MySQL 的大叔规定，并集查询并不保证最终结果集中的顺序是按照各个小查询的结果集中的顺序排序的。这也就意味着我们在各个小查询中加入 ORDER BY 子句的作用和没加一样。不过，如果我们只是单纯地想从各个小的查询中获取有限条排序好的记录加入最终的结果集，还是可以的，比如这样：

```
mysql> (SELECT m1, n1 FROM t1 ORDER BY m1 DESC LIMIT 1) UNION (SELECT m2, n2 FROM t2 ORDER BY
m2 DESC LIMIT 1);
+------+------+
| m1   | n1   |
+------+------+
|    3 | c    |
|    4 | d    |
+------+------+
2 rows in set (0.00 sec)
```

如上所示，最终结果集中的 (3, 'c') 其实就是查询 (SELECT m1, n1 FROM t1 ORDER BY m1 DESC LIMIT 1) 的结果，(4, 'd') 其实就是查询 (SELECT m2, n2 FROM t2 ORDER BY m2 DESC LIMIT 1) 的结果。

第14章 数据的插入、删除和更新

前面介绍了各种让人眼花缭乱的查询方式，包括简单查询、子查询、连接查询、并集查询以及各种查询细节，但可别忘了，表里先得有数据，查询才能有意义！之前我们只是简单介绍了数据的插入语句，本章将详细唠叨对表中数据的各种操作，包括插入数据、删除数据和更新数据。

14.1 准备工作

本节要唠叨的是对表中数据的操作，首先需要确定用哪个表来演示这些操作。本着勤俭节约的精神，我们还是复用之前用过的 first_table 表，只不过这个表快被玩坏了，我们把它删掉然后重建一个。一切重新开始！

```
mysql> DROP TABLE first_table;
Query OK, 0 rows affected (0.02 sec)

mysql> CREATE TABLE first_table (
    ->     first_column INT,
    ->     second_column VARCHAR(100)
    -> );
Query OK, 0 rows affected (0.02 sec)
```

对于 first_table 表来说，我们保留了两个列：INT 类型的 first_column 列；VARCHAR (100) 类型的 second_column 列。

14.2 插入数据

在关系型数据库中，数据一般都是以记录（行）为单位插入表中的，具体的插入形式我们慢慢道来。

14.2.1 插入完整的记录

在插入一条完整的记录时，需要指定要插入表的名称和该条记录中全部列的具体数据，完整的语法是这样：

```
INSERT INTO 表名 VALUES(列1的值, 列2的值, ..., 列n的值);
```

比如 first_table 中有两个列，分别是 first_column 和 second_column。如果想要插入完整的记录，VAULES() 中必须依次填入 first_column 列和 second_column 列的

值，比如这样：

```
mysql> INSERT INTO first_table VALUES(1, 'aaa');
Query OK, 1 row affected (0.01 sec)
```

可以看到执行结果是"`Query OK, 1 row affected (0.01 sec)`"，这表明成功地插入了一行。然后再用 SELECT 语句看一下表中的数据：

```
mysql> SELECT * FROM first_table;
+--------------+---------------+
| first_column | second_column |
+--------------+---------------+
|            1 | aaa           |
+--------------+---------------+
1 row in set (0.00 sec)
```

现在 first_table 中就有了一条记录了。在使用这种插入一条完整记录的语法时必须注意，VALUES 子句中必须给出表中所有列的值，缺一个都不行。如果我们不知道向某个列填什么值，可以填入 NULL（前提是该列没有声明 NOT NULL 属性），就像下面这样：

```
mysql> INSERT INTO first_table VALUES(2, NULL);
Query OK, 1 row affected (0.00 sec)

mysql> SELECT * FROM first_table;
+--------------+---------------+
| first_column | second_column |
+--------------+---------------+
|            1 | aaa           |
|            2 | NULL          |
+--------------+---------------+
2 rows in set (0.00 sec)
```

在上述的这种插入方式中，VALUE 子句中参数的顺序与表中各个列的顺序是一一对应的。其实也可以在书写插入语句时自定义列的插入顺序，就像这样：

```
mysql> INSERT INTO first_table(first_column, second_column) VALUES (3, 'ccc');
Query OK, 1 row affected (0.00 sec)
```

在这个语句中，显式地指定了列的插入顺序是 (first_column, second_column)，它与 VALUES 子句中值的顺序逐一对应。也就是说，first_column 与值 3 对应，second_column 与值 'ccc' 对应。之后即使 first_table 表中列的结构改变了，这个语句仍然能继续使用。我们也可以随意指定列的插入顺序，比如这样：

```
mysql> INSERT INTO first_table(second_column, first_column) VALUES ('ddd', 4);
Query OK, 1 row affected (0.00 sec)
```

由于把 second_column 放在了 first_column 之前，所以 VALUES 子句中的值也需要改变顺序。来看一下插入效果：

```
mysql> SELECT * FROM first_table;
+--------------+---------------+
| first_column | second_column |
```

```
+--------------+---------------+
|            1 | aaa      6    |
|            2 | NULL         |
|            3 | ccc          |
|            4 | ddd          |
+--------------+---------------+
4 rows in set (0.00 sec)
```

14.2.2   插入记录的一部分

在插入记录的时候，如果某个列允许存储 NULL，或者我们通过给列定义 DEFAULT 属性显式指定了默认值的话，那么该列的值就可以在插入语句中省略。

我们定义的 first_table 表中的两个列都允许存放 NULL，所以在插入记录时可以省略部分列的值。在 INSERT 语句中没有显式指定的列的值将被设置为默认值 NULL，比如这样写：

```
mysql> INSERT INTO first_table(first_column) VALUES(5);
Query OK, 1 row affected (0.00 sec)

mysql> INSERT INTO first_table(second_column) VALUES('fff');
Query OK, 1 row affected (0.00 sec)
```

第一条插入语句只指定了 first_column 列的值是 5，而没有指定 second_column 的值，所以 second_column 的值就是 NULL；第二条插入语句只指定了 second_column 的值是 'ddd'，而没有指定 first_column 的值，所以 first_column 的值就是 NULL。 现在看一下表中的数据：

```
mysql> SELECT * FROM first_table;
+--------------+---------------+
| first_column | second_column |
+--------------+---------------+
|            1 | aaa           |
|            2 | NULL          |
|            3 | ccc           |
|            4 | ddd           |
|            5 | NULL          |
|         NULL | fff           |
+--------------+---------------+
6 rows in set (0.00 sec)
```

再次强调一下，INSERT 语句中指定的列顺序可以改变，但是一定要与 VALUES 子句中的值一一对应起来。

14.2.3   批量插入记录

在插入记录时，每插入一条就写一条 INSERT 语句也不是不行，但是太麻烦了。而且每插入一条记录就提交一个请求给服务器远没有一次把所有待插入的记录全部提交给服务器的效率高。所以 MySQL 提供了批量插入的语句，就是直接在 VALUES 后多加几组值，每组值用小括号扩起来，然后各个组之间用逗号分隔就好了，就像这样：

```
mysql> INSERT INTO first_table(first_column, second_column) VALUES(7, 'ggg'), (8, 'hhh');
Query OK, 2 rows affected (0.00 sec)
Records: 2  Duplicates: 0  Warnings: 0
```

我们在这个 INSERT 语句中插入了 (7, 'ggg')、(8, 'hhh') 这两条记录，直接把它们放到 VALUES 后边用逗号分开就好了。我们看一下插入效果：

```
mysql> SELECT * FROM first_table;
+--------------+---------------+
| first_column | second_column |
+--------------+---------------+
|            1 | aaa           |
|            2 | NULL          |
|            3 | ccc           |
|            4 | ddd           |
|            5 | NULL          |
|         NULL | fff           |
|            7 | ggg           |
|            8 | hhh           |
+--------------+---------------+
8 rows in set (0.00 sec)
```

14.2.4 将某个查询的结果集插入表中

前面的插入语句都是我们显式地将记录的值放在 VALUES 后面，其实也可以将某个查询的结果集作为数据源插入表中。我们先新建一个 second_table 表：

```
mysql> CREATE TABLE second_table (
    ->     s VARCHAR(200),
    ->     i INT
    -> );
Query OK, 0 rows affected (0.03 sec)
```

这个表有两个列，一个是 VARCHAR 类型的 s 列，另一个是 INT 类型的 i 列。现在这个 second_table 表中没有数据，如果想把 first_table 表中的一些记录插入到 second_table 表中，则可以这么写：

```
mysql> INSERT INTO second_table(s, i) SELECT second_column, first_column FROM first_table
WHERE first_column < 5;
Query OK, 4 rows affected (0.01 sec)
Records: 4  Duplicates: 0  Warnings: 0
```

可以把这条 INSERT 语句分成两步来理解。

第 1 步：先执行查询语句。

```
SELECT second_column, first_column FROM first_table WHERE first_column < 5;
```

这条语句的结果集如下：

```
+---------------+--------------+
| second_column | first_column |
+---------------+--------------+
| aaa           |            1 |
```

```
| NULL          |           2 |
| ccc           |           3 |
| ddd           |           4 |
+---------------+-------------+
```

第 2 步：把查询语句对应的结果集中的记录批量插入到指定的表中。

要把第 1 步中得到的结果集中的记录批量插入到 second_table 表中，相当于
执行：

```
INSERT INTO second_table VALUES('aaa', 1), (NULL, 2), ('ccc', 3), ('ddd', 4);
```

那么 second_table 表中的记录就成为下面这样了：

```
mysql> SELECT * FROM second_table;
+------+------+
| s    | i    |
+------+------+
| aaa  |    1 |
| NULL |    2 |
| ccc  |    3 |
| ddd  |    4 |
+------+------+
4 rows in set (0.00 sec)
```

在将某个查询的结果集插入到表中时需要注意，INSERT 语句指定的列要和 SELECT 语
句的查询列表中的表达式一一对应。比方说上面的 INSERT 语句指定的列是 s 和 i，对应于
SELECT 语句的查询列表中的 second_column 和 first_column。

14.2.5　INSERT IGNORE

对于一些是主键或者 UNIQUE 键的列或者列组合来说，它们不允许重复值的出现。比如，
我们为 first_table 的 first_column 列添加一个 UNIQUE 约束：

```
mysql> ALTER TABLE first_table MODIFY COLUMN first_column INT UNIQUE;
Query OK, 0 rows affected (0.01 sec)
Records: 0  Duplicates: 0  Warnings: 0
```

因为 first_column 列有了 UNIQUE 约束，所以如果待插入记录的 first_column 列
值与已有的值重复的话就会报错，比如这样：

```
mysql> INSERT INTO first_table(first_column, second_column) VALUES(1, '哇哈哈');
ERROR 1062 (23000): Duplicate entry '1' for key 'first_table.first_column'
```

可是在插入新记录时，我们并不知道待插入记录的主键或者 UNIQUE 键是否在表中有重
复值，所以我们迫切地需要这样的一个功能，即对于那些是主键或者 UNIQUE 键的列或者列
组合来说，如果表中已存在的记录中没有与待插入记录在这些列或者列组合上重复的值，那么
就把待插入记录插到表中，否则忽略此次插入操作（而不是报错）。设计 MySQL 的大叔提供
了 INSERT IGNORE 的语法来实现这个功能：

```
mysql> INSERT IGNORE INTO first_table(first_column, second_column) VALUES(1, '哇哈哈') ;
Query OK, 0 rows affected, 1 warning (0.00 sec)
```

我们只是简单地在 INSERT 后面加了个 IGNORE 单词就不再报错了！对于批量插入的情况，INSERT IGNORE 同样适用，比如这样：

```
mysql> INSERT IGNORE INTO first_table(first_column, second_column) VALUES(1, '哇哈哈'), (9,
'iii');
Query OK, 1 row affected, 1 warning (0.00 sec)
Records: 2  Duplicates: 1  Warnings: 1
```

在这个批量插入的语句中，我们想插入 (1, '哇哈哈') 和 (9, 'iii') 这两条记录，因为 first_column 列值为 1 的记录已经在表中存在，所以 (1, '哇哈哈') 这条记录会被忽略，而 (9, 'iii') 这条记录被插入成功。看一下插入效果：

```
mysql> SELECT * FROM first_table;
+--------------+---------------+
| first_column | second_column |
+--------------+---------------+
|            1 | aaa           |
|            2 | NULL          |
|            3 | ccc           |
|            4 | ddd           |
|            5 | NULL          |
|         NULL | fff           |
|            7 | ggg           |
|            8 | hhh           |
|            9 | iii           |
+--------------+---------------+
9 rows in set (0.00 sec)
```

14.2.6　INSERT ... ON DUPLICATE KEY UPDATE

如果表中包含与待插入记录的主键或 UNIQUE 键的值重复的记录，不仅仅可以选择使用 INSERT IGNORE 忽略待插入记录，还可以使用 MySQL 提供的 INSERT ... ON DUPLICATE KEY UPDATE 语句来更新表中已存在的记录。比方说，我们现在有一个向 first_table 表中插入新记录的需求，first_table 表的 first_column 列拥有 UNIQUE 约束。我们期望：如果表中不包含与待插入记录的 first_column 列重复的记录，那么就把这条待记录顺利插入，否则将已存在的重复记录的 first_column 列更新为 10，second_column 列更新为'雪碧'，那么可以这样写插入语句：

```
mysql>  INSERT INTO first_table (first_column, second_column) VALUES(1, '哇哈哈') ON DUPLICATE
KEY UPDATE first_column = 10, second_column = '雪碧';
Query OK, 2 rows affected (0.01 sec)
```

可以看到，在 INSERT ... ON DUPLICATE KEY UPDATE 语句中可以更新多个列的值，各个列之间使用逗号分隔开就好。我们来看一下上面这条语句的执行效果：

```
mysql> SELECT * FROM first_table;
+--------------+---------------+
| first_column | second_column |
+--------------+---------------+
|           10 | 雪碧          |
```

```
|            2 | NULL          |
|            3 | ccc           |
|            4 | ddd           |
|            5 | NULL          |
|         NULL | fff           |
|            7 | ggg           |
|            8 | hhh           |
|            9 | iii           |
+--------------+---------------+
9 rows in set (0.00 sec)
```

可以看到，查询结果集中原先的第一条记录是 (1，'aaa')，现在变成了 (10，'雪碧')。

对于作为主键或者 UNIQUE 键的列或者列组合来说，如果表中现有的记录在这些列或者列组合上与待插入记录有重复的值，则可以使用 VALUES（列名）的形式来引用待插入记录中对应列的值。比方说下面这个 INSERT 语句：

```
mysql> INSERT INTO first_table (first_column, second_column) VALUES(10, '哇哈哈') ON DUPLICATE
KEY UPDATE second_column = VALUES(second_column);
Query OK, 1 row affected, 1 warning (0.00 sec)
```

其中，VALUES（second_column）就代表着待插入记录中 second_column 的值，在本例中是 '哇哈哈'。有的读者可能会想"这不是多此一举么，我直接写成下面这种形式不好么"：

```
INSERT INTO first_table (first_column, second_column) VALUES(1, '哇哈哈') ON DUPLICATE KEY
UPDATE second_column = '哇哈哈';
```

是的，没有任何问题，但是在批量插入大量记录的时候该咋办呢？此时 VALUES（second_column）就派上了大用场：

```
mysql> INSERT INTO first_table (first_column, second_column) VALUES(2, '红牛'), (3, '橙汁儿')
ON DUPLICATE KEY UPDATE second_column = VALUES(second_column);
Query OK, 4 rows affected, 1 warning (0.00 sec)
Records: 2  Duplicates: 2  Warnings: 1
```

我们准备批量插入 (2，'红牛') 和 (3，'橙汁儿') 这两条记录，在遇到重复记录时把该重复记录的 second_column 列更新成待插入记录中 second_column 列的值就好了，效果就是这样：

```
mysql> SELECT * FROM first_table;
+--------------+---------------+
| first_column | second_column |
+--------------+---------------+
|           10 | 哇哈哈        |
|            2 | 红牛          |
|            3 | 橙汁儿        |
|            4 | ddd           |
|            5 | NULL          |
|         NULL | fff           |
|            7 | ggg           |
|            8 | hhh           |
|            9 | iii           |
```

```
+--------------+---------------+
9 rows in set (0.00 sec)
```

小贴士

从 MySQL 8.0.20 开始，不推荐使用 VALUES 函数来引用待插入记录中的列，而推荐为待插入的记录定义别名来引用待插入记录中的列。比方说，上面更新 first_column 列值为 2、3 的记录的语句，可以写成下面这样：

```
    INSERT INTO first_table (first_column, second_column) VALUES(2, '红牛'), (3, '橙汁儿')
AS new ON DUPLICATE KEY UPDATE second_column = new.second_column;
```

其中，AS new 意思是给待插入的行起了一个别名 new，随后使用 new.second_column 引用待插入记录中 second_column 的值，从而替代了原先的 VALUES 函数。

14.3　删除数据

如果某些记录不想要了，可以使用下面的语句把它们删除掉：

DELETE FROM 表名 [WHERE 表达式] ;

我们把 first_table 中 first_column 的值大于 4 的记录都删掉看看：

```
mysql> DELETE FROM first_table WHERE first_column > 4;
Query OK, 5 rows affected (0.00 sec)
```

其中的"Query OK, 5 rows affected (0.00 sec)"表明成功地删除了 5 条记录。我们看一下删除效果：

```
mysql> SELECT * FROM first_table;
+--------------+---------------+
| first_column | second_column |
+--------------+---------------+
|            2 | 红牛          |
|            3 | 橙汁儿        |
|            4 | ddd           |
|         NULL | fff           |
+--------------+---------------+
4 rows in set (0.00 sec)
```

first_table 表中 first_column 列的值大于 4 的记录都不见了。当然，删除语句的 WHERE 子句是可选的，如果不加 WHERE 子句，则意味着删除表中所有记录。比如，我们想清除 second_table 表中的所有数据，可以这么写：

```
mysql> DELETE FROM second_table;
Query OK, 4 rows affected (0.00 sec)
```

在使用删除语句一定要特别注意，虽然删除语句中的 WHERE 条件是可选的，但是如果不加 WHERE 条件，则会删除所有的记录，这是玩火的行为！十分危险！请慎重使用。

另外，也可以使用 LIMIT 子句来限制想要删除的记录数量，使用 ORDER BY 子句来指定符合条件的记录的删除顺序，比方说这样：

```
mysql> DELETE FROM first_table ORDER BY first_column DESC LIMIT 1;
Query OK, 1 row affected (0.00 sec)
```

上述语句用来删除掉 first_column 列值最大的那条记录。我们看一下删除后的效果：

```
mysql> SELECT * FROM first_table;
+--------------+---------------+
| first_column | second_column |
+--------------+---------------+
|            2 | 红牛          |
|            3 | 橙汁儿        |
|         NULL | fff           |
+--------------+---------------+
3 rows in set (0.00 sec)
```

可以看到 first_column 列值最大的那条记录（也就是 first_column 列值为 4 的那条记录）已经被删除掉了。

14.4 更新数据

有时候，我们对某些记录的某些列的值不满意，需要修改它们，修改记录的语法就是这样：

```
UPDATE 表名 SET 列1=值1, 列2=值2, ..., 列n=值n [WHERE 表达式];
```

我们在 UPDATE 后面指定要更新的表，然后把要更新的列的名称和该列更新后的值写到 SET 单词后面；如果想更新多个列的话，它们之间用逗号分隔开。如果不指定 WHERE 子句，那么表中所有的记录都会被更新，否则只有符合 WHERE 子句中条件的记录才会更新。比如，我们把 first_table 表中 first_column 的值是 NULL 的记录的 first_column 的值更新为 5，把 second_column 的值更新为 ' 乳娃娃 '，可以这么写：

```
mysql> UPDATE first_table SET first_column = 5, second_column = '乳娃娃' WHERE first_column IS
NULL;
Query OK, 1 row affected (0.00 sec)
Rows matched: 1  Changed: 1  Warnings: 0
```

小贴士　　　　　再次强调，在判断某个表达式的值是否为 NULL 时，请使用 IS NULL，不要使用 =。

"Query OK, 1 row affected (0.01 sec)"表明成功更新了一行数据。"Rows matched: 1"表示符合 WHERE 条件的记录一共有一条，"Changed: 1"表示有一条记录的内容发生了变化。我们看一下修改后的效果：

```
mysql> SELECT * FROM first_table;
+--------------+---------------+
| first_column | second_column |
+--------------+---------------+
```

```
|            2 | 红牛            |
|            3 | 橙汁儿          |
|            5 | 乳娃娃          |
+--------------+---------------+
3 rows in set (0.00 sec)
```

这里强调一下：虽然更新语句的 WHERE 子句是可选的，但是如果不加 WHERE 子句，则会更新表中所有的记录，这是玩火的行为！十分危险！请慎重使用。

另外，也可以使用 LIMIT 子句来限制想要更新的记录数量，使用 ORDER BY 子句来指定符合条件的记录的更新顺序，比方说这样：

```
mysql> UPDATE first_table SET second_column='爽歪歪' ORDER BY first_column DESC LIMIT 1;
Query OK, 1 row affected (0.00 sec)
Rows matched: 1  Changed: 1  Warnings: 0
```

上述语句用来更新 first_column 列值最大的那条记录，我们看一下更新后的效果：

```
mysql> SELECT * FROM first_table;
+--------------+---------------+
| first_column | second_column |
+--------------+---------------+
|            2 | 红牛            |
|            3 | 橙汁儿          |
|            5 | 爽歪歪          |
+--------------+---------------+
3 rows in set (0.00 sec)
```

可以看到 first_column 列值最大的那条记录（也就是 first_column 列值为 5 的那条记录）的 second_column 列的值已经被更新为 '爽歪歪' 了。

第15章　视图

我们前面唠叨过如何书写连接查询语句，比方说下面这个语句：

```
mysql> SELECT s1.number, s1.name, s1.major, s2.subject, s2.score FROM student_info AS s1
INNER JOIN student_score AS s2 WHERE s1.number = s2.number AND s1.sex = '男';
+----------+------+------------------+--------------------+-------+
| number   | name | major            | subject            | score |
+----------+------+------------------+--------------------+-------+
| 20210101 | 狗哥 | 计算机科学与工程 | MySQL是怎样运行的   |    88 |
| 20210101 | 狗哥 | 计算机科学与工程 | 计算机是怎样运行的 |    78 |
| 20210102 | 猫爷 | 计算机科学与工程 | MySQL是怎样运行的   |    98 |
| 20210102 | 猫爷 | 计算机科学与工程 | 计算机是怎样运行的 |   100 |
| 20210104 | 亚索 | 软件工程         | MySQL是怎样运行的   |    46 |
| 20210104 | 亚索 | 软件工程         | 计算机是怎样运行的 |    55 |
+----------+------+------------------+--------------------+-------+
6 rows in set (0.01 sec)
```

我们查询出了一些男学生的基本信息和成绩信息，如果下次还想得到这些信息，还得把这个又臭又长的查询语句再敲一遍。不过设计 MySQL 的大叔很贴心地提供了一个称之为视图（VIEW）的东西，可帮助我们以很容易的方式来复用这些查询语句。

15.1　创建视图

我们可以把视图看作是一个查询语句的别名。创建视图的语句如下：

```
CREATE VIEW 视图名 AS 查询语句
```

比如，我们想根据上面那个又臭又长的查询语句来创建一个视图，可以这么写：

```
mysql> CREATE VIEW male_student_view AS SELECT s1.number, s1.name, s1.major, s2.subject,
s2.score FROM student_info AS s1 INNER JOIN student_score AS s2 WHERE s1.number = s2.number
AND s1.sex = '男';
Query OK, 0 rows affected (0.01 sec)
```

这样，这个名称为 male_student_view 的视图就表示那一串又臭又长的查询语句了。

15.2　使用视图

视图也可以称为虚拟表，原因是我们可以像表那样对视图进行一些增删改查操作，只不过对视图的相关操作都会被映射到那个又臭又长的查询语句对应的底层的表上。那串又臭又长的查询语句的查询列表可以被当作视图的虚拟列，比方说 male_student_view 这个视图对应的查询语句中的查询列表是 number、name、major、subject、score，它们就可以当作 male_student_view 视图的虚拟列。

我们平时怎么从真实表中查询信息，就可以怎么从视图中查询信息，比如这么写：

```
mysql> SELECT * FROM male_student_view;
+----------+------+------------------+--------------------+-------+
| number   | name | major            | subject            | score |
+----------+------+------------------+--------------------+-------+
| 20210101 | 狗哥 | 计算机科学与工程 | MySQL是怎样运行的   |    88 |
| 20210101 | 狗哥 | 计算机科学与工程 | 计算机是怎样运行的 |    78 |
| 20210102 | 猫爷 | 计算机科学与工程 | MySQL是怎样运行的   |    98 |
| 20210102 | 猫爷 | 计算机科学与工程 | 计算机是怎样运行的 |   100 |
| 20210104 | 亚索 | 软件工程         | MySQL是怎样运行的   |    46 |
| 20210104 | 亚索 | 软件工程         | 计算机是怎样运行的 |    55 |
+----------+------+------------------+--------------------+-------+
6 rows in set (0.00 sec)
```

这个查询语句的查询列表是 *，这也就意味着 male_student_view 视图所代表的查询语句的结果集将作为本次查询的结果集。从这个例子中也可以看到，我们不再需要使用那条又臭又长的连接查询语句了，只需要从它对应的视图中查询即可。

当然，更复杂的查询语句也可以作用于视图，比方说这个语句：

```
mysql> SELECT subject, AVG(score) FROM male_student_view WHERE score > 60 GROUP BY subject
HAVING AVG(score) > 75 LIMIT 1;
+--------------------+------------+
| subject            | AVG(score) |
+--------------------+------------+
| MySQL是怎样运行的   |    93.0000 |
+--------------------+------------+
1 row in set (0.00 sec)
```

当然，视图还可以参与一些更复杂的查询，比如子查询、连接查询什么的。比较有趣的一点是，在书写查询语句时，视图还可以和真实表一起使用，比如这样：

```
mysql> SELECT * FROM male_student_view WHERE number IN (SELECT number FROM student_info WHERE
major = '计算机科学与工程');
+----------+------+------------------+--------------------+-------+
| number   | name | major            | subject            | score |
+----------+------+------------------+--------------------+-------+
| 20210101 | 狗哥 | 计算机科学与工程 | MySQL是怎样运行的   |    88 |
| 20210101 | 狗哥 | 计算机科学与工程 | 计算机是怎样运行的 |    78 |
| 20210102 | 猫爷 | 计算机科学与工程 | MySQL是怎样运行的   |    98 |
| 20210102 | 猫爷 | 计算机科学与工程 | 计算机是怎样运行的 |   100 |
+----------+------+------------------+--------------------+-------+
4 rows in set (0.00 sec)
```

再次强调一遍，视图其实就相当于某个查询语句的别名！创建视图的时候并不会把那个又臭又长的查询语句的结果集维护在硬盘或者内存中！在对视图进行查询时，MySQL 服务器会帮助我们把对视图的查询语句转换为对底层表的查询语句，然后再执行。

虽然视图的实现原理是在执行语句时转换为对底层表的操作，但是在使用层面，我们完全可以把视图当作一个表去使用。使用视图的好处也是显而易见的，视图可以简化语句的书写，避免了每次都要写一遍又臭又长的语句，而且视图的操作更加直观，使用者也不用去考虑它的底层实现细节。

15.2.1　利用视图来创建新视图

用于生成视图的查询语句，不仅仅可以从真实表中查询数据，也可以从另一个已生成的视图中查询数据。比方说，我们利用之前已经创建好的 male_student_view 视图来创建另一个新视图 male_student_view2：

```
mysql> CREATE VIEW male_student_view2 AS SELECT number, name, score FROM male_student_view;
Query OK, 0 rows affected (0.01 sec)
```

接下来我们使用一下这个新视图 male_student_view2。注意，它是使用 male_student_view 视图创建的：

```
mysql> SELECT * FROM male_student_view2;
+----------+------+-------+
| number   | name | score |
+----------+------+-------+
| 20210101 | 狗哥 |    88 |
| 20210101 | 狗哥 |    78 |
| 20210102 | 猫爷 |    98 |
| 20210102 | 猫爷 |   100 |
| 20210104 | 亚索 |    46 |
| 20210104 | 亚索 |    55 |
+----------+------+-------+
6 rows in set (0.00 sec)
```

15.2.2　创建视图时指定自定义列名

前面说过，视图的虚拟列其实是这个视图对应的查询语句的查询列表。我们可以在创建视图的时候为它的虚拟列自定义列名，这些自定义列名需要用小括号括起来，写到视图名后面，并使用逗号将各个虚拟列的自定义列名分开。需要注意的是，自定义列名一定要与查询列表中的表达式一一对应。比如我们新创建一个自定义列名的视图：

```
mysql> CREATE VIEW student_info_view(no, n, m) AS SELECT number, name, major FROM student_info;
Query OK, 0 rows affected (0.00 sec)
```

我们的自定义列名是 no，n，m，分别对应查询列表中的 number，name，major。在有了自定义列名之后，之后对视图的查询都要基于这些自定义列名。比如：

```
mysql> SELECT no, n, m FROM student_info_view;
+----------+--------+------------------+
| no       | n      | m                |
+----------+--------+------------------+
| 20210101 | 狗哥   | 计算机科学与工程 |
| 20210102 | 猫爷   | 计算机科学与工程 |
| 20210103 | 艾希   | 软件工程         |
| 20210104 | 亚索   | 软件工程         |
| 20210105 | 莫甘娜 | 飞行器设计       |
```

```
| 20210106 | 赵信     | 电子信息        |
+----------+--------+----------------+
6 rows in set (0.00 sec)
```

在定义视图时采用了自定义列名后，那么之后再查询该视图时就不能使用原查询语句查询列表中的列名了，否则会报错。比如这样：

```
mysql> SELECT number, name, major FROM student_info_view;
ERROR 1054 (42S22): Unknown column 'number' in 'field list'
```

15.3　查看和删除视图

15.3.1　查看有哪些视图

我们在创建视图时，默认是将其放在默认数据库下的。如果想查看默认数据库中有哪些视图，可以使用如下命令（即查看视图的命令其实与查看表的命令是一样的）：

```
mysql> SHOW TABLES;
+----------------------+
| Tables_in_xiaohaizi  |
+----------------------+
| count_demo           |
| first_table          |
| male_student_view    |
| male_student_view2   |
| second_table         |
| student_info         |
| student_info_view    |
| student_score        |
| t1                   |
| t2                   |
| t3                   |
| type_conversion_demo |
| zerofill_table       |
+----------------------+
13 rows in set (0.00 sec)
```

可以看到，我们创建的几个视图，包括 male_student_view、male_student_view2、student_info_view 等，都显示出来了。需要注意的是，因为视图是虚拟表，所以新创建的视图的名称不能和默认数据库中的其他视图或者表的名称冲突！

15.3.2　查看视图的定义

查看视图结构的语句与用来查看表结构的语句比较类似，是下面这样的：

```
SHOW CREATE VIEW 视图名\G
```

比如，我们想要查看一下 student_info_view 视图的结构，可以这样写：

```
mysql> SHOW CREATE VIEW student_info_view\G
*************************** 1. row ***************************
                View: student_info_view
         Create View: CREATE ALGORITHM=UNDEFINED DEFINER=`root`@`%` SQL SECURITY DEFINER VIEW
`student_info_view` (`no`,`n`,`m`) AS select `student_info`.`number` AS `number`,`student_
info`.`name` AS `name`,`student_info`.`major` AS `major` from `student_info`
character_set_client: gbk
collation_connection: gbk_chinese_ci
1 row in set (0.00 sec)
```

小贴士

注意，我们查询出来的视图结构中多了很多信息，比方说 ALGORITHM=UNDEFINED、DEFINER=`root`@`%`、SQL SECURITY DEFINER 等，这些信息当前不用关心，大家跳过就好了。等各位羽翼丰满之后可以到 MySQL 文档中查看这些信息都代表啥意思。

15.4　可更新的视图

我们前面唠叨的都是对视图的查询操作，其实有些视图是可以更新的，也就是可以在视图上执行 INSERT、DELETE、UPDATE 语句。对视图执行 INSERT、DELETE、UPDATE 语句的本质，其实是对该视图对应的底层表中的数据进行增、删、改操作。比方说，视图 student_info_view 的底层表是 student_info，如果我们对 student_info_view 执行 INSERT、DELETE、UPDATE 语句，也就相当于对 student_info 表执行 INSERT、DELETE、UPDATE 语句。比如执行下面这个语句：

```
mysql> UPDATE student_info_view SET n = '狗哥哥' WHERE no = 20210101;
Query OK, 1 row affected (0.00 sec)
Rows matched: 1  Changed: 1  Warnings: 0
```

然后再到底层表 student_info 中看一下这个学生的名称是否修改了：

```
mysql> SELECT name FROM student_info WHERE number = 20210101;
+--------+
| name   |
+--------+
| 狗哥哥 |
+--------+
1 row in set (0.00 sec)
```

原先的"狗哥"变成了"狗哥哥"，名称的确更改成功了！

如果一个视图是可更新的，那么这个视图中的每一条记录必须与底层表中的每一条记录一一对应，否则该视图是不可更新的。比方说，生成视图的查询语句包含了下面这些内容，则该视图就是不可更新的：

- 汇总函数（比如 SUM()、MIN()、MAX()、COUNT() 等）；
- DISTINCT；
- GROUP BY；
- HAVING；

- UNION 或者 UNION ALL ；
- 放在查询列表中的子查询。

当然，还有许多生成不可更新视图的场景，这里就不一一唠叨了。对于作为小白的我们来说，一般只在查询语句中使用视图，并不建议在 INSERT、DELETE、UPDATE 语句中使用视图！

15.4.1　删除视图

如果某个视图不想要了，可以使用这个语句来删除掉它：

DROP VIEW 视图名；

比如，想把 male_student_view2 视图删掉，可以这么写：

```
mysql> DROP VIEW male_student_view2;
Query OK, 0 rows affected (0.01 sec)
```

然后再查看当前数据库中的表和视图：

```
mysql> SHOW TABLES;
+----------------------+
| Tables_in_xiaohaizi  |
+----------------------+
| count_demo           |
| first_table          |
| male_student_view    |
| second_table         |
| student_info         |
| student_info_view    |
| student_score        |
| t1                   |
| t2                   |
| t3                   |
| type_conversion_demo |
| zerofill_table       |
+----------------------+
12 rows in set (0.00 sec)
```

这个 male_student_view2 视图就不见了！

第16章 存储程序

有时候，为了完成一个常用的功能需要执行多条语句，而每次都在客户端中一条一条地输入这么多语句是很烦的。设计 MySQL 的大叔非常贴心地给我们提供了一种称为存储程序的东西。这个所谓的存储程序可以封装一些语句，然后为用户提供一种简单的方式来调用这个存储程序，从而间接地执行这些语句。

根据调用方式的不同，可以把存储程序分为存储例程、触发器和事件这几种类型。其中，存储例程又可以被细分为存储函数和存储过程。我们画个图表示一下（见图 16.1）。

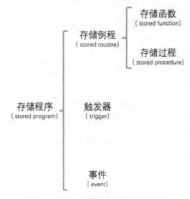

图 16.1　存储程序的构成

虽然这里出现了很多陌生的概念，但是别害怕，后面会各个击破的。不过，在正式介绍存储程序之前，我们需要先了解一下 MySQL 中的用户自定义变量和语句分隔符的概念。

16.1　用户自定义变量

在日常生活中，我们经常会遇到一些固定不变的值，比如数字 100、字符串 '你好呀 '。我们把这些值固定不变的东西称为常量。但是，有时候为了方便，我们会使用某一个符号来代表一个值，而且它代表的值是可以变化的。比方说，我们规定符号 a 代表数字 1，之后又可以让符号 a 代表数字 2。我们把这种值可以发生变化的东西称为变量，其中符号 a 就称为这个变量的变量名。

在 MySQL 中，我们可以通过 SET 语句来自定义一些自己的变量，比方说下面这样：

```
mysql> SET @a = 1;
Query OK, 0 rows affected (0.00 sec)
```

上面的语句表明我们定义了一个称为 a 的变量，并且把整数 1 赋值给了这个变量。不过大家需要注意一下的是，在我们的自定义变量前面必须加一个 @ 符号，这是设计 MySQL 的大叔规定的。

小贴士
　　在使用 SET 语句时，如果变量名前没有加 @ 符号，那么 MySQL 会把这个变量当作系统变量来对待，而不是用户自定义变量。作为 MySQL 的新手，当前我们不用关心什么是系统变量，有想深入了解 MySQL 系统变量的小伙伴可以翻看《MySQL 是怎样运行的：从根儿上理解 MySQL》进行学习。

如果之后想查看这个变量的值，使用 SELECT 语句就好了。不过仍然需要在变量名称前加一个 @ 符号：

```
mysql> SELECT @a;
+------+
| @a   |
+------+
|    1 |
+------+
1 row in set (0.00 sec)
```

同一个变量也可以存储不同类型的值。比方说，我们再把一个字符串值赋值给变量 a：

```
mysql> SET @a = '哈哈哈';
Query OK, 0 rows affected (0.00 sec)

mysql> SELECT @a;
+--------+
| @a     |
+--------+
| 哈哈哈 |
+--------+
1 row in set (0.00 sec)
```

除了把一个常量赋值给一个变量，还可以把一个变量赋值给另一个变量：

```
mysql> SET @b = @a;
Query OK, 0 rows affected (0.00 sec)

mysql> SELECT @b;
+--------+
| @b     |
+--------+
| 哈哈哈 |
+--------+
1 row in set (0.00 sec)
```

SET @b = @a 的含义就是将变量 a 现在的值赋值给变量 b，之后再改变变量 a 的值时并不会影响变量 b 的值。比如，我们将变量 a 的值改为 2，变量 b 的值还是会保持为 ' 哈哈哈 ' 不变：

```
mysql> SET @a = 2;
Query OK, 0 rows affected (0.00 sec)

mysql> SELECT @b;
```

```
1 row in set (0.00 sec)
```

我们还可以将某个查询的结果赋值给一个变量，前提是这个查询的结果集最多包含 1 行 1
列（如果结果集为空集，则变量值为 NULL）：

```
mysql> SET @a = (SELECT m1 FROM t1 LIMIT 1);
Query OK, 0 rows affected (0.01 sec)
```

也可以使用 INTO 子句替代 SET 语句来为变量赋值，比如说：

```
mysql> SELECT n1 FROM t1 LIMIT 1 INTO @b;
Query OK, 1 row affected (0.00 sec)
```

这条语句的含义就是将查询 SELECT n1 FROM t1 LIMIT 1 的结果赋值给变量 b，它
的效果与 SET @b = (SELECT n1 FROM t1 LIMIT 1) 是一样的。

当某个查询语句的结果集最多包含一条记录，但是结果集的记录中包含多个列时，如果我
们想将结果集记录中各列的值分别赋值给不同的变量，此时就不能使用 SET 语句了，而只能
用 INTO 子句来完成这个功能。比方说：

```
mysql> SELECT m1, n1 FROM t1 LIMIT 1 INTO @a, @b;
Query OK, 1 row affected (0.00 sec)
```

这条查询语句的结果集中只包含一条记录，我们把这条记录的 m1 列的值赋值给了变量 a，
n1 列的值赋值给了变量 b。

16.2 存储函数

前面提到，可以将某个常用功能对应的一些语句封装成一个所谓的存储程序，之后只要调
用这个存储程序就可以完成这个常用功能，从而免去了每次都要写好多语句的麻烦。

存储程序可以分为存储例程、触发器、事件这几种类型。其中，存储例程需要我们去手动
调用，而触发器和事件都是 MySQL 服务器在特定条件下自己调用的。存储例程又可以分为存
储函数和存储过程，下面我们就先看一下存储函数。

16.2.1 创建存储函数

稍微有一点经验的程序员对函数的概念应该都不陌生。函数可以将某个问题的处理过程封
装起来，之后直接调用就可以解决这个问题，而不用关心这个问题具体是如何解决的。我们
在之前的章节中介绍了 MySQL 提供的许多系统函数。比方说，NOW 函数用于获取当前日期和
时间，CONCAT 函数用于拼接字符串等。存储函数也是一种函数，只不过是在函数定义中书写
MySQL 的语句而已。

在 MySQL 中定义存储函数的语句如下：

```
CREATE FUNCTION 存储函数名称([参数列表])
RETURNS 返回值类型
BEGIN
    函数体内容
END
```

从这里可以看出，定义一个存储函数时，需要指定存储函数名称、参数列表、返回值类型以及函数体内容。如果该函数不需要参数，则参数列表可以省略。函数体内容被包裹在 BEGIN ... END 中，可以包括一条或多条语句，每条语句都要以分号（；）结尾。上面语句中的空格和换行仅仅是为了阅读起来舒服一些，如果大家觉得烦，完全可以把存储函数的定义都写在一行里，只需用一个或多个空格把上述几个部分分隔开就好！

废话少说，先看一个用来求某门学科平均成绩的存储函数：

```
CREATE FUNCTION avg_score(s VARCHAR(100))
RETURNS DOUBLE
BEGIN
    RETURN (SELECT AVG(score) FROM student_score WHERE subject = s);
END
```

这里定义了一个名为 avg_score 的函数，它接收一个 VARCHAR(100) 类型的参数，声明的返回值类型是 DOUBLE。需要注意的是，函数体内容是在 RETURN 单词后面接了一个 SELECT 语句，这表明这个名为 avg_score 的存储函数的返回结果就是这个 SELECT 语句的结果集，也就是某个指定科目的平均成绩。

接下来赶紧将 avg_score 函数的定义逐行复制到 MySQL 客户端（这里特指 MySQL 安装目录下 bin 目录中的名为 mysql 的可执行文件）中，结果却发生了意想不到的问题：

```
mysql> CREATE FUNCTION avg_score(s VARCHAR(100))
    -> RETURNS DOUBLE
    -> BEGIN
    ->     RETURN (SELECT AVG(score) FROM student_score WHERE subject = s);
ERROR 1064 (42000): You have an error in your SQL syntax; check the manual that corresponds
to your MySQL server version for the right syntax to use near '' at line 4
```

可以看到提示了一个语法错误！

这是因为 MySQL 客户端默认将分号（；）作为语句的分隔符，每当它读取到分号后，就会将该分号之前的内容作为一个请求发送给服务器。在本例中，当我们在 MySQL 客户端输入函数体内容并按下回车键后，由于函数体内容是包含分号的，所以 MySQL 客户端想都没想，直接把分号之前的所有内容发送到了服务器。也就是说，服务器收到的请求其实是这样的：

```
CREATE FUNCTION avg_score(s VARCHAR(100))
RETURNS DOUBLE
BEGIN
    RETURN (SELECT AVG(score) FROM student_score WHERE subject = s);
```

很显然，这个存储函数的定义是不完整的，所以服务器才会告诉客户端它发送的请求中包含语法错误。

该怎么解决这个问题呢？其实只需要使用 DELIMITER 语句临时修改一下 MySQL 客户端的语句分隔符就好，比方说（# 以及 # 之后直到该行结束的内容属于注释内容，MySQL 服务器将会忽略它们）：

```
mysql> DELIMITER $   # 将MySQL客户端语句分隔符替换为$

mysql> CREATE FUNCTION avg_score(s VARCHAR(100))
    -> RETURNS DOUBLE
    -> BEGIN
    ->     RETURN (SELECT AVG(score) FROM student_score WHERE subject = s);
    -> END $
Query OK, 0 rows affected (0.00 sec)

mysql> DELIMITER ;   # 将MySQL客户端语句分隔符再改回;
```

其中的 DELIMITER $ 意味着将 MySQL 客户端的语句分隔符从 ; 替换成 $。在存储函数定义语句书写完成后，需要显式地写一个 $ 来表明存储函数定义语句写完了，客户端可以向服务器发送请求了。当然，也可以把 MySQL 客户端的语句分隔符定义为别的字符串，比方说 ABC、//、@@@ 啥的，并不局限于 $。

在书写完存储函数定义语句后，强烈建议再把客户端语句分隔符改回分号，要不然之后书写的语句都要以 $ 结尾了。

小贴士

如果在创建存储函数的过程中报如下错误：

ERROR 1418 (HY000): This function has none of DETERMINISTIC, NO SQL, or READS SQL DATA in its declaration and binary logging is enabled (you *might* want to use the less safe log_bin_trust_function_creators variable)

则可以先执行一下下面的语句，然后再尝试创建存储函数：

SET global log_bin_trust_function_creators=TRUE;

16.2.2　存储函数的调用

自定义的函数和系统内置函数的使用方式是一样的，都是在函数名后加小括号 () 来表示函数调用；在调用有参数的函数时，可以把参数写到小括号里面。函数调用可以单独使用，也可以作为一个操作数与其他操作数一起组成更复杂的表达式。我们经常将函数调用放在查询列表中或者作为搜索条件来使用。

现在调用一下刚刚写好的这个名为 avg_score 的存储函数：

```
mysql> SELECT avg_score('MySQL是怎样运行的');
+--------------------------------+
| avg_score('MySQL是怎样运行的')  |
+--------------------------------+
|                          73.25 |
+--------------------------------+
1 row in set (0.01 sec)
```

```
mysql> SELECT avg_score('计算机是怎样运行的');
+----------------------------------+
| avg_score('计算机是怎样运行的')   |
+----------------------------------+
|                               73 |
+----------------------------------+
1 row in set (0.00 sec)
```

与直接写查询某门科目的平均成绩的查询语句相比，使用函数调用来完成这个需求显得更简洁一些。

16.2.3　查看和删除存储函数

如果我们想查看现在已经定义了多少个存储函数以及各个存储函数的相关属性，可以使用下面这个语句：

```
SHOW FUNCTION STATUS [LIKE 需要匹配的函数名]
```

如果不写 LIKE 子句，则执行该语句后得到的结果太多（因为系统自带了许多存储函数），如果在这里给大家展示出来则会刷屏，所以这里就不演示了，大家可以自己试试。

如果想查看某个函数具体是怎么定义的，可以使用这个语句：

```
SHOW CREATE FUNCTION 函数名
```

比如这样：

```
mysql> SHOW CREATE FUNCTION avg_score\G
*************************** 1. row ***************************
            Function: avg_score
            sql_mode: STRICT_TRANS_TABLES,NO_ENGINE_SUBSTITUTION
     Create Function: CREATE DEFINER=`root`@`%` FUNCTION `avg_score`(s VARCHAR(100)) RETURNS double
BEGIN
    RETURN (SELECT AVG(score) FROM student_score WHERE subject = s);
END
character_set_client: gbk
collation_connection: gbk_chinese_ci
  Database Collation: utf8mb4_0900_ai_ci
1 row in set (0.00 sec)
```

虽然这里展示出了很多内容，但是我们只要聚焦于名为 Create Function 的那部分信息就可以了。这部分信息显示了这个存储函数的定义语句是什么样的（可以看到 MySQL 服务器为我们自动添加了 DEFINER=root@%，大家可以先把这个内容忽略掉）。

如果想删除某个存储函数，则可以使用这个语句：

```
DROP FUNCTION 函数名
```

比如，我们删掉 avg_score 这个函数：

```
mysql> DROP FUNCTION avg_score;
Query OK, 0 rows affected (0.01 sec)
```

什么？你以为到这里存储函数就唠叨完了么？怎么可能。到现在为止，我们只是勾勒出一个存储函数的大致轮廓，下面详细说一下如何用各种花里胡哨的语法来定义存储函数的函数体。

16.2.4　函数体的定义

在前文定义的 avg_score 的函数体中只包含一条语句。如果只为了节省书写一条语句的时间而定义一个存储函数，是很不值得的。其实存储函数的函数体中可以包含多条语句，并且支持一些特殊的语法。下面一起看看吧。

1. 在函数体中定义局部变量

前文在介绍用户自定义变量时说过，可以直接使用 SET 语句为自定义变量赋值而不用事先声明它。如果我们想在存储函数的函数体中使用变量的话，必须提前使用 DECLARE 语句声明该变量，具体声明语法如下：

```
DECLARE 变量名1, 变量名2, ... 数据类型 [DEFAULT 默认值];
```

这些在函数体内声明的变量只在该函数体内有用，当存储函数执行完成后，就不能访问这些变量了，所以这些变量也被称为局部变量。

我们可以在一条语句中声明多个相同数据类型的变量。不过需要特别留心的是，函数体中的局部变量名不允许加 @ 前缀（除非使用反引号将变量名引起来），这一点与之前直接使用 SET 语句自定义变量是截然不同的。在声明了这个局部变量之后，才可以使用它，就像下面这样：

```
mysql> DELIMITER $

mysql> CREATE FUNCTION var_demo()
    -> RETURNS INT
    -> BEGIN
    ->     DECLARE c INT;
    ->     SET c = 5;
    ->     RETURN c;
    -> END $
Query OK, 0 rows affected (0.00 sec)

mysql> DELIMITER ;
```

我们定义了一个名为 var_demo 而且不需要参数的存储函数，然后在函数体中声明了一个名称为 c 的 INT 类型的局部变量，之后调用 SET 语句为这个局部变量赋值整数 5，并且把局部变量 c 当作函数结果返回。我们调用一下这个函数：

```
mysql> SELECT var_demo();
+------------+
| var_demo() |
+------------+
|          5 |
+------------+
1 row in set (0.00 sec)
```

如果不对声明的局部变量进行赋值，它的默认值就是 NULL，当然也可以通过 DEFAULT
子句来显式地指定局部变量的默认值，比如这样：

```
mysql> DELIMITER $

mysql> CREATE FUNCTION var_default_demo()
    -> RETURNS INT
    -> BEGIN
    ->     DECLARE c INT DEFAULT 1;
    ->     RETURN c;
    -> END $
Query OK, 0 rows affected (0.00 sec)

mysql> DELIMITER ;
```

在新建的这个 var_default_demo 函数中，我们声明了一个局部变量 c，并且指定了它
的默认值为 1，然后看一下该函数的调用结果：

```
mysql> SELECT var_default_demo();
+--------------------+
| var_default_demo() |
+--------------------+
|                  1 |
+--------------------+
1 row in set (0.00 sec)
```

得到的结果是 1。这说明我们指定的局部变量默认值生效了！另外，与用户自定义变量
类似，我们也可以把一个查询的结果赋值给局部变量。比如，我们可以这样改写一下之前的
avg_score 函数：

```
CREATE FUNCTION avg_score(s VARCHAR(100))
RETURNS DOUBLE
BEGIN
    DECLARE a DOUBLE;
    SET a = (SELECT AVG(score) FROM student_score WHERE subject = s);
    return a;
END
```

我们先把一个查询语句的结果赋值给局部变量 a，然后再将 a 作为整个存储函数的返回结果。

小贴士

在存储函数的函数体中，DECLARE 语句必须放到其他语句的前面。

2. 在函数体中使用用户自定义变量

除了局部变量外，也可以在函数体中使用之前用过的用户自定义变量，比方说这样：

```
mysql> DELIMITER $

mysql> CREATE FUNCTION user_defined_var_demo()
    -> RETURNS INT
    -> BEGIN
```

```
    ->      SET @abc = 10;
    ->      return @abc;
    -> END $
Query OK, 0 rows affected (0.00 sec)

mysql> DELIMITER ;
```

我们定义了一个名为 user_defined_var_demo 的存储函数，函数体内直接使用了自定义变量 abc。我们来调用一下这个函数：

```
mysql> SELECT @abc;
+------------+
| @abc       |
+------------+
| NULL       |
+------------+
1 row in set (0.00 sec)

mysql> SELECT user_defined_var_demo();
+------------------------+
| user_defined_var_demo() |
+------------------------+
|                     10 |
+------------------------+
1 row in set (0.00 sec)

mysql> SELECT @abc;
+------+
| @abc |
+------+
|   10 |
+------+
1 row in set (0.00 sec)
```

可以看到，最开始名为 abc 的用户自定义变量的值为 NULL，在调用 user_defined_ var_demo 存储函数之后，名为 abc 的用户自定义变量的值变为了 10。这也就意味着即使存储函数执行完毕，该存储函数修改过的用户自定义变量的值将继续生效。这一点与在函数体中使用 DECLARE 声明的局部变量有明显区别，请大家注意。

3. 存储函数的参数

在定义存储函数的时候，可以指定多个参数，且每个参数都要指定对应的数据类型，就像这样：

参数名 数据类型

比如我们之前编写的 avg_score 函数：

```
CREATE FUNCTION avg_score(s VARCHAR(100))
RETURNS DOUBLE
BEGIN
    RETURN (SELECT AVG(score) FROM student_score WHERE subject = s);
END
```

这个函数只需要一个类型为 VARCHAR(100) 的参数，这里给这个参数起的名称是 s。需要注意的是，这个参数名不要与函数体语句中的其他变量名、列名冲突。如果将上面例子中的变量名 s 改为 subject，那么它就与查询语句的 WHERE 子句中用到的列名冲突了。

另外，函数参数不可以指定默认值。在调用函数的时候，必须显式地指定所有的参数。比方说，我们在调用函数 avg_score 时，必须指定要查询的课程名，不然会报错的：

```
mysql> SELECT avg_score();
ERROR 1318 (42000): Incorrect number of arguments for FUNCTION xiaohaizi.avg_score; expected
1, got 0
```

4. 判断语句的编写

与其他的编程语言一样，在存储函数的函数体中也可以使用判断语句，语法格式如下：

```
IF 表达式 THEN
    语句列表
[ELSEIF 表达式 THEN
    语句列表]
... # 这里可以有多个ELSEIF语句
[ELSE
    语句列表]
END IF;
```

其中，语句列表中可以包含多条语句。

我们举一个包含 IF 语句的存储函数的例子：

```
mysql> DELIMITER $

mysql> CREATE FUNCTION condition_demo(i INT)
    -> RETURNS VARCHAR(10)
    -> BEGIN
    ->     DECLARE result VARCHAR(10);
    ->     IF i = 1 THEN
    ->         SET result = '结果是1';
    ->     ELSEIF i = 2 THEN
    ->         SET result = '结果是2';
    ->     ELSEIF i = 3 THEN
    ->         SET result = '结果是3';
    ->     ELSE
    ->         SET result = '非法参数';
    ->     END IF;
    ->     RETURN result;
    -> END $
Query OK, 0 rows affected (0.01 sec)

mysql> DELIMITER ;
```

在定义的函数 condition_demo 中，它接收一个 INT 类型的参数，这个函数的处理逻辑如下：

- 如果这个参数的值是 1，就把 result 变量的值设置为 '结果是1'；
- 否则如果这个参数的值是 2，就把 result 变量的值设置为 '结果是2'；

- 否则如果这个参数的值是 3，就把 result 变量的值设置为 '结果是 3'；
- 否则就把 result 变量的值设置为 '非法参数'。

当然，我们举的这个例子还是比较白痴的，只是为了说明语法怎么用而已。现在调用一下这个函数：

```
mysql> SELECT condition_demo(2);
+-------------------+
| condition_demo(2) |
+-------------------+
| 结果是2            |
+-------------------+
1 row in set (0.00 sec)

mysql> SELECT condition_demo(5);
+-------------------+
| condition_demo(5) |
+-------------------+
| 非法参数           |
+-------------------+
1 row in set (0.00 sec)
```

5. 循环语句的编写

除了判断语句，MySQL 还支持循环语句的编写。MySQL 提供了 3 种形式的循环语句，下面一一道来。

- WHILE 循环语句

```
WHILE 表达式 DO
    语句列表
END WHILE;
```

这个语句的意思是，如果给定的表达式为真，则执行语句列表中的语句，否则退出循环。比如我们想定义一个存储函数，用来计算从 1 到 n（n > 0）的这 n 个数的和，可以这么写：

```
mysql> DELIMITER $

mysql> CREATE FUNCTION sum_all(n INT UNSIGNED)
    -> RETURNS INT
    -> BEGIN
    ->     DECLARE result INT DEFAULT 0;
    ->     DECLARE i INT DEFAULT 1;
    ->     WHILE i <= n DO
    ->         SET result = result + i;
    ->         SET i = i + 1;
    ->     END WHILE;
    ->     RETURN result;
    -> END $
Query OK, 0 rows affected (0.01 sec)

mysql> DELIMITER ;
```

在函数 sum_all 中，接收一个 INT UNSIGNED 类型的参数，并声明了两个 INT 类型的变量 i 和 result。我们先调用一下这个函数：

```
mysql> SELECT sum_all(3);
+------------+
| sum_all(3) |
+------------+
|          6 |
+------------+
1 row in set (0.00 sec)
```

我们分析一下这个结果是怎么产生的。在初始的情况下，result 的值默认是 0，i 的值默认是 1，给定的参数 n 的值是 3。这个存储函数的运行过程就是下面这样。

1. 先判断 i <= n 是否成立，也就是 1 <= 3 是否成立。显然成立。然后执行语句列表中的语句，也就是将 result 的值设置为 1（result + i = 0 + 1），i 的值设置为 2（i + 1 = 1 + 1）。

2. 再判断 i <= n 是否成立，也就是 2 <= 3 是否成立。显然成立。然后执行语句列表中的语句，也就是将 result 的值设置为 3（result + i = 1 + 2），i 的值设置为 3（i + 1 = 2 + 1）。

3. 再判断 i <= n 是否成立，也就是 3 <= 3 是否成立。显然成立。然后执行语句列表中的语句，也就是将 result 的值设置为 6（result + i = 3 + 3），i 的值设置为 4（i + 1 = 3 + 1）。

4. 再判断 i <= n 是否成立，也就是 4 <= 3 是否成立。显然不成立，退出循环。

所以最后返回的 result 的值就是 6，也就是 1、2、3 这 3 个数的和。

- REPEAT 循环语句

REPEAT 循环语句与 WHILE 循环语句类似，只是形式上变了一下：

```
REPEAT
    语句列表
UNTIL 表达式 END REPEAT;
```

REPEAT 循环语句的含义是先执行语句列表中的语句，再判断表达式是否为真，如果为真则退出循环，否则继续执行语句。

WHILE 循环语句先判断表达式的值，再执行语句列表中的语句，而 REPEAT 循环语句与之不同，它是先执行语句列表中的语句，再判断表达式的值，所以 REPEAT 循环语句至少会执行一次语句列表中的语句。如果 sum_all 函数用 REPEAT 循环改写，可以写成这样：

```
CREATE FUNCTION sum_all(n INT UNSIGNED)
RETURNS INT
BEGIN
    DECLARE result INT DEFAULT 0;
    DECLARE i INT DEFAULT 1;
    REPEAT
        SET result = result + i;
        SET i = i + 1;
    UNTIL i > n END REPEAT;
```

```
    RETURN result;
END
```

● LOOP 循环语句

这只是另一种形式的循环语句：

```
LOOP
    语句列表
END LOOP;
```

LOOP 循环语句有一点比较奇特，即它没有判断循环终止的条件！那么，这个循环语句怎么停止下来呢？其实可以把循环终止的条件写到语句列表中，然后使用 RETURN 语句直接让函数结束，从而达到停止循环的效果。

比方说，我们可以这样改写 sum_all 函数：

```
CREATE FUNCTION sum_all(n INT UNSIGNED)
RETURNS INT
BEGIN
    DECLARE result INT DEFAULT 0;
    DECLARE i INT DEFAULT 1;
    LOOP
        IF i > n THEN
            RETURN result;
        END IF;
        SET result = result + i;
        SET i = i + 1;
    END LOOP;
END
```

如果我们仅仅想结束循环，而不是使用 RETURN 语句直接将函数返回，那么可以使用 LEAVE 语句。不过在使用 LEAVE 时，需要先在 LOOP 语句前面放置一个所谓的标记。

比方说，我们使用 LEAVE 语句来改写 sum_all 函数：

```
CREATE FUNCTION sum_all(n INT UNSIGNED)
RETURNS INT
BEGIN
    DECLARE result INT DEFAULT 0;
    DECLARE i INT DEFAULT 1;
    flag:LOOP
        IF i > n THEN
            LEAVE flag;
        END IF;
        SET result = result + i;
        SET i = i + 1;
    END LOOP flag;
    RETURN result;
END
```

可以看到，我们在 LOOP 语句前加了一个 flag: 这样的东西，并且在 END LOOP 语句后面也写了一个 flag 单词，这相当于给整个循环语句打了一个名为 flag 的标记。然后在循环语句的内部又包含了一条名为 LEAVE flag 的语句，这样一来，当执行 LEAVE flag 语句时，程序会结束名为 flag 的标记所代表的循环语句。

其实也可以在 BEGIN ... END、REPEAT 和 WHILE 这些语句上打标记。标记主要是为了在这些语句发生嵌套时可以跳到指定的语句。

16.3　存储过程

存储函数和存储过程都属于存储例程，都是对某些语句的一个封装。存储函数会给调用它的用户返回一个结果，但是存储过程却没有返回值。

16.3.1　创建存储过程

先看一下如何定义一个存储过程：

```
CREATE PROCEDURE 存储过程名称([参数列表])
BEGIN
    需要执行的语句
END
```

与存储函数最直观的不同点就是，存储过程的定义不需要声明返回值类型。我们先定义一个存储过程看看：

```
mysql> DELIMITER $

mysql> CREATE PROCEDURE t1_operation(
    ->     m1_value INT,
    ->     n1_value CHAR(1)
    -> )
    -> BEGIN
    ->     SELECT * FROM t1;
    ->     INSERT INTO t1(m1, n1) VALUES(m1_value, n1_value);
    ->     SELECT * FROM t1;
    -> END $
Query OK, 0 rows affected (0.01 sec)

mysql> DELIMITER ;
```

我们建立了一个名为 t1_operation 的存储过程，它接收两个参数：一个是 INT 类型的；另一个是 CHAR(1) 类型的。这个存储过程做了 3 件事：查询一下 t1 表中的数据；根据接收的参数来向 t1 表中插入一条语句；再次查询一下 t1 表中的数据。

16.3.2　存储过程的调用

存储过程并没有返回值，不能像存储函数那样进行函数调用。如果我们需要调用某个存储过程，需要显式地使用 CALL 语句：

```
CALL 存储过程([参数列表]);
```

比方说，我们要调用一下 t1_operation 存储过程，则可以这么写：

```
mysql> CALL t1_operation(4, 'd');
+------+------+
| m1   | n1   |
+------+------+
|    1 | a    |
|    2 | b    |
|    3 | c    |
+------+------+
3 rows in set (0.00 sec)

+------+------+
| m1   | n1   |
+------+------+
|    1 | a    |
|    2 | b    |
|    3 | c    |
|    4 | d    |
+------+------+
4 rows in set (0.01 sec)

Query OK, 0 rows affected (0.01 sec)
```

从执行结果中可以看到，存储过程在执行中产生的所有结果集将被全部显示到客户端中。

小贴士

只有查询语句才会产生结果集，其他语句是不产生结果集的。

16.3.3　查看和删除存储过程

与存储函数类似，存储过程也有类似的查看和删除语句。下面只列举一下相关语句，就不看具体的例子了。

用于查看目前服务器上已经创建了哪些存储过程的语句如下所示：

SHOW PROCEDURE STATUS [LIKE 需要匹配的存储过程名称]

用于查看某个存储过程具体是怎么定义的语句如下所示：

SHOW CREATE PROCEDURE 存储过程名称

用于删除存储过程的语句如下所示：

DROP PROCEDURE 存储过程名称

16.3.4　存储过程中的语句

前文在唠叨存储函数时使用到的各种语句，包括变量的使用、判断、循环结构，都可以用在存储过程中，这里就不再赘述了。

16.3.5　存储过程的参数前缀

比存储函数强大的一点是，存储过程在定义参数的时候可以选择添加一些前缀，就像下面这样：

```
[IN | OUT | INOUT] 参数名 数据类型
```

可以看到可选的前缀有 3 种，如表 16.1 所示。

表 16.1　可选的 3 种前缀

前缀	实际参数是否必须是变量	描述
IN	否	用于调用者向存储过程传递数据，如果 IN 参数在存储过程中被修改，则调用者不可见
OUT	是	用于把存储过程运行过程中产生的数据赋值给 OUT 参数，存储过程执行结束后，调用者可以访问 OUT 参数
INOUT	是	综合 IN 和 OUT 的特点，既可以用于调用者向存储过程传递数据，也可以用于存放存储过程中产生的数据以供调用者使用

这么直接描述有些生硬，我们通过举例子来分别研究一下。

- IN 参数

先定义一个参数前缀是 IN 的存储过程 p_in：

```
mysql> DELIMITER $

mysql> CREATE PROCEDURE p_in (
    ->     IN arg INT
    -> )
    -> BEGIN
    ->     SELECT arg;
    ->     SET arg = 123;
    -> END $
Query OK, 0 rows affected (0.00 sec)

mysql> DELIMITER ;
```

这个 p_in 存储过程只有一个参数 arg，它的前缀是 IN。这个存储过程实际执行两个语句：第一个语句是用来读取参数 arg 的值；第二个语句是给参数 arg 赋值。我们调用一下 p_in：

```
mysql> SET @a = 1;
Query OK, 0 rows affected (0.00 sec)

mysql> CALL p_in(@a);
+------+
| arg  |
```

```
+------+
|    1 |
+------+
1 row in set (0.00 sec)

Query OK, 0 rows affected (0.00 sec)

mysql> SELECT @a;
+------+
| @a   |
+------+
|    1 |
+------+
1 row in set (0.00 sec)
```

我们定义了一个变量 a 并把整数 1 赋值给它。因为这个变量是用户自定义变量，所以需要加 @ 前缀，然后把它当作参数传给 p_in 存储过程。从结果中可以看出，p_in 存储过程的第一个 SELECT 语句成功执行，虽然第二个 SET 语句在执行时没有报错，但是在存储过程执行完毕后，再次查看变量 a 的值，却发现并没有改变。这也就是说，IN 参数只能用于读取，对它赋值是不会被调用者看到的。

另外，因为我们只是想在存储过程的执行中读取 IN 参数，并不需要把执行存储过程中产生的数据存储到它里面，所以在调用存储过程时，也可以将常量作为参数，比如这样：

```
mysql> CALL p_in(1);
+------+
| arg  |
+------+
|    1 |
+------+
1 row in set (0.00 sec)

Query OK, 0 rows affected (0.00 sec)
```

- OUT 参数

  先定义一个前缀是 OUT 的存储过程 p_out：

  ```
  mysql> DELIMITER $

  mysql> CREATE PROCEDURE p_out (
      ->     OUT arg INT
      -> )
      -> BEGIN
      ->     SELECT arg;
      ->     SET arg = 123;
      -> END $
  Query OK, 0 rows affected (0.00 sec)

  mysql> DELIMITER ;
  ```

这个 p_out 存储过程只有一个参数 arg，它的前缀是 OUT，p_out 存储过程也有两个语句：一个用于读取参数 arg 的值；另一个用于为参数 arg 赋值。我们调用一下 p_out：

```
mysql> SET @b = 2;
Query OK, 0 rows affected (0.00 sec)

mysql> CALL p_out(@b);
+------+
| arg  |
+------+
| NULL |
+------+
1 row in set (0.00 sec)

Query OK, 0 rows affected (0.00 sec)

mysql> SELECT @b;
+------+
| @b   |
+------+
|  123 |
+------+
1 row in set (0.00 sec)
```

我们定义了一个变量 b 并把整数 2 赋值给它，然后把它当作参数传给 p_out 存储过程。从结果中可以看出，第一个读取语句并没有获取到参数的值，也就是说 OUT 参数的值默认为 NULL。在存储过程执行完毕之后，再次读取变量 b 的值，发现它的值已经被设置成 123，这说明在过程中对该变量的赋值对调用者是可见的！这也就是说，OUT 参数只能用于赋值，对它赋值是可以被调用者看到的。

另外，由于 OUT 参数只是为了用于将存储过程的执行过程中产生的数据赋值给它后交给调用者查看，因此在调用存储过程时，实际的参数就不允许是常量！

● INOUT 参数

在知道 IN 参数和 OUT 参数的意思后，INOUT 参数也就好理解了。INOUT 参数既可以在存储过程中被读取，也可以在赋值后被调用者看到。所以要求在调用存储过程时，实际的参数必须是一个变量（不然还怎么赋值啊！）。INOUT 参数类型这里不具体举例子了，大家可以自己试试。

需要注意的是，如果不写明参数前缀的话，则默认的前缀是 IN！

由于存储过程可以传入多个 OUT 或者 INOUT 类型的参数，所以可以在一个存储过程中获得多个结果，比如这样：

```
mysql> DELIMITER $

mysql> CREATE PROCEDURE get_score_data(
    ->     OUT max_score DOUBLE,
    ->     OUT min_score DOUBLE,
    ->     OUT avg_score DOUBLE,
    ->     s VARCHAR(100)
    -> )
    -> BEGIN
    ->     SELECT MAX(score), MIN(score), AVG(score) FROM student_score WHERE subject = s INTO
           max_score, min_score, avg_score;
    -> END $
```

```
Query OK, 0 rows affected (0.00 sec)

mysql> DELIMITER ;
```

我们定义的这个 get_score_data 存储过程接收 4 个参数，前 3 个参数都是 OUT 参数，第 4 个参数没写前缀，默认是 IN 参数。存储过程的作用是将指定学科的最高分、最低分、平均分分别赋值给 3 个 OUT 参数。在这个存储过程执行完之后，我们可以通过访问这几个 OUT 参数来获得相应的最高分、最低分以及平均分：

```
mysql> CALL get_score_data(@a, @b, @c, 'MySQL是怎样运行的');
Query OK, 1 row affected (0.00 sec)

mysql> SELECT @a, @b, @c;
+------+------+-------+
| @a   | @b   | @c    |
+------+------+-------+
|   98 |   46 | 73.25 |
+------+------+-------+
1 row in set (0.00 sec)
```

16.3.6　存储过程和存储函数的不同点

尽管存储过程和存储函数非常类似，但是两者还是不相同的。我们列举几个不同点以加深大家对这两者区别的理解。

- 存储函数在定义时需要显式使用 RETURNS 语句标明返回的数据类型，而且在函数体中必须使用 RETURN 语句来显式指定返回的值；存储过程则不需要。
- 存储函数不支持 IN、OUT、INOUT 的参数前缀；存储过程则支持。
- 存储函数只能返回一个值；存储过程可以通过设置多个 OUT 参数或者 INOUT 参数来返回多个结果。
- 存储函数在执行过程中产生的结果集并不会被显示到客户端；存储过程在执行过程中产生的结果集会被显示到客户端。
- 存储函数直接以函数调用的形式进行调用；存储过程只能通过 CALL 语句来显式调用。

16.4　游标简介

到现在为止，我们只能使用 SELECT ... INTO ... 语句将结果集中一条记录的各个列的值赋值到多个变量中，比如在前面的 get_score_data 存储过程中有这样的语句：

```
SELECT MAX(score), MIN(score), AVG(score) FROM student_score WHERE subject = s INTO max_
score, min_score, avg_score;
```

如果某个查询语句的结果集中有多条记录的话，就无法把它们赋值给某些变量了。为了方便我们访问这些具有多条记录的结果集，MySQL 中引入了游标（cursor）的概念。

下面以对 t1 表的查询为例来介绍一下游标。比如我们有这样一个查询：

```
mysql> SELECT m1, n1 FROM t1;
+------+------+
| m1   | n1   |
+------+------+
|    1 | a    |
|    2 | b    |
|    3 | c    |
|    4 | d    |
+------+------+
4 rows in set (0.00 sec)
```

这个 SELECT m1, n1 FROM t1 查询语句对应的结果集有 4 条记录,而游标其实就是用来标记结果集中我们正在访问的某一条记录。在初始状态下,游标标记结果集中的第一条记录,就像图 16.2 这样。

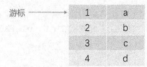

图 16.2 游标在初始状态下标记第一条记录

我们可以根据这个游标取出它对应记录的信息,随后再移动游标,让它指向下一条记录。游标既可以用在存储函数中,也可以用在存储过程中。下面以存储过程为例来说明游标的使用方式,大致可以分成 4 个步骤:

- 创建游标;
- 打开游标;
- 通过游标获取记录;
- 关闭游标。

下面详细介绍这几个步骤。

16.4.1 创建游标

在创建游标的时候,需要指定与游标关联的查询语句,语法如下:

```
DECLARE 游标名称 CURSOR FOR 查询语句;
```

我们来定义一个存储过程试一下:

```
CREATE PROCEDURE cursor_demo()
BEGIN
    DECLARE t1_record_cursor CURSOR FOR SELECT m1, n1 FROM t1;
END
```

名为 t1_record_cursor 的游标这样就创建成功了。

小贴士

> 如果在存储程序中也有声明局部变量的语句,则创建游标的语句一定要放在局部变量声明的后面。

16.4.2　打开和关闭游标

在创建游标之后，需要手动打开和关闭游标，相应的语法也很简单：

```
OPEN 游标名称;
```

```
CLOSE 游标名称;
```

打开游标意味着执行查询语句，使我们之前声明的游标与查询语句的结果集关联起来。关闭游标意味着释放与该游标相关的资源，所以一旦使用完了游标，就要把它关闭掉。当然，如果我们不显式地使用 CLOSE 语句来关闭游标的话，则在该存储过程的 END 语句执行完之后会自动关闭游标。

我们再来修改一下上面的 cursor_demo 存储过程：

```
CREATE PROCEDURE cursor_demo()
BEGIN
    DECLARE t1_record_cursor CURSOR FOR SELECT m1, n1 FROM t1;

    OPEN t1_record_cursor;

    CLOSE t1_record_cursor;
END
```

16.4.3　通过游标获取记录

在知道怎么打开和关闭游标之后，我们正式来唠叨一下如何使用游标获取结果集中的记录。用来获取记录的语句长这样：

```
FETCH 游标名 INTO 变量1, 变量2, ... 变量n
```

这个语句的意思就是把当前游标对应记录的各列的值依次赋值给 INTO 后面的各个变量。我们来继续改写一下 cursor_demo 存储过程：

```
CREATE PROCEDURE cursor_demo()
BEGIN
    DECLARE m_value INT;
    DECLARE n_value CHAR(1);

    DECLARE t1_record_cursor CURSOR FOR SELECT m1, n1 FROM t1;

    OPEN t1_record_cursor;

    FETCH t1_record_cursor INTO m_value, n_value;
    SELECT m_value, n_value;

    CLOSE t1_record_cursor;
END $
```

我们来调用一下这个存储过程：

```
mysql> CALL cursor_demo();
+---------+---------+
```

```
| m_value | n_value |
+---------+---------+
|       1 | a       |
+---------+---------+
1 row in set (0.00 sec)

Query OK, 0 rows affected (0.00 sec)
```

额！奇怪，t1 表里有 4 条记录，这里却只取出了第一条。是的，如果想获取多条记录，则需要把 FETCH 语句放到循环语句中。我们再来修改一下 cursor_demo 存储过程：

```
CREATE PROCEDURE cursor_demo()
BEGIN
    DECLARE m_value INT;
    DECLARE n_value CHAR(1);
    DECLARE record_count INT;
    DECLARE i INT DEFAULT 0;

    DECLARE t1_record_cursor CURSOR FOR SELECT m1, n1 FROM t1;

    SELECT COUNT(*) FROM t1 INTO record_count;

    OPEN t1_record_cursor;

    WHILE i < record_count DO
        FETCH t1_record_cursor INTO m_value, n_value;
        SELECT m_value, n_value;
        SET i = i + 1;
    END WHILE;

    CLOSE t1_record_cursor;
END
```

这次我们又多使用了两个变量：record_count 表示 t1 表中的记录行数；i 表示当前游标对应的记录位置。每调用一次 FETCH 语句，游标就移动到下一条记录的位置。我们看一下调用效果：

```
mysql> CALL cursor_demo();
+---------+---------+
| m_value | n_value |
+---------+---------+
|       1 | a       |
+---------+---------+
1 row in set (0.00 sec)

+---------+---------+
| m_value | n_value |
+---------+---------+
|       2 | b       |
+---------+---------+
1 row in set (0.00 sec)

+---------+---------+
| m_value | n_value |
+---------+---------+
|       3 | c       |
```

```
+---------+---------+
1 row in set (0.00 sec)

+---------+---------+
| m_value | n_value |
+---------+---------+
|       4 | d       |
+---------+---------+
1 row in set (0.00 sec)

Query OK, 0 rows affected (0.00 sec)
```

这次就把 t1 表中全部的记录都遍历完了。

16.4.4   遍历结束时的执行策略

前面介绍的用来遍历结果集中记录的方式需要我们首先获得查询语句结果集中记录的条数，也就是需要先执行下面的这条语句：

```
SELECT COUNT(*) FROM t1 INTO record_count;
```

我们之所以要获取结果集中记录的条数，是因为我们需要一个结束循环的条件：当调用 FETCH 语句的次数与结果集中的记录条数相等时就结束循环。

其实，在 FETCH 语句获取不到记录的时候默认会停止存储函数或存储过程的执行，并直接向客户端返回一个如下所示的错误：

```
ERROR 1329 (02000): No data - zero rows fetched, selected, or processed
```

我们可以在存储函数或存储过程中事先声明一种针对某种错误的处理方式，这样在服务器执行存储函数或存储过程期间，如果发生了相应错误，则不用停止执行并向客户端发送错误提示，而是采用事先声明的错误处理方式去处理。在遇到 FETCH 语句获取不到记录的情况时，可以使用下面的语句来声明应该采取的处理方式：

```
DECLARE CONTINUE HANDLER FOR NOT FOUND 处理语句;
```

只要我们在存储函数或存储过程中写了这个语句，那么在 FETCH 语句获取不到记录的时候，服务器就会执行这里填写的处理语句。

小贴士
　　处理语句可以是简单的一条语句，也可以是由 BEGIN ... END 包裹的多条语句。

我们接下来再改写一下 cursor_demo 存储过程：

```
CREATE PROCEDURE cursor_demo()
BEGIN
    DECLARE m_value INT;
    DECLARE n_value CHAR(1);
    DECLARE done INT DEFAULT 0;
```

```
    DECLARE t1_record_cursor CURSOR FOR SELECT m1, n1 FROM t1;

    DECLARE CONTINUE HANDLER FOR NOT FOUND SET done = 1;

    OPEN t1_record_cursor;

    flag: LOOP
        FETCH t1_record_cursor INTO m_value, n_value;
        IF done = 1 THEN
            LEAVE flag;
        END IF;
        SELECT m_value, n_value, done;
    END LOOP flag;

    CLOSE t1_record_cursor;
END
```

我们声明了一个默认值为 0 的 done 变量和一个这样的语句：

```
DECLARE CONTINUE HANDLER FOR NOT FOUND SET done = 1;
```

存储过程中包含一个 LOOP 循环语句。该语句在每次执行完 FETCH 语句后，都会判断一下 done 是否为 1。如果为 1，意味着读取结果集记录完毕，可以退出循环；否则继续从结果集中读取记录。done 的默认值为 0，意味着将不停地从结果集中读取记录，直到 FETCH 语句无法获取到新的记录，转而去执行 SET done = 1 语句，将 done 的值改为 1 后，循环才会结束。

我们调用一下这个存储过程，看一下执行效果：

```
mysql> call cursor_demo;
+---------+---------+------+
| m_value | n_value | done |
+---------+---------+------+
|       1 | a       |    0 |
+---------+---------+------+
1 row in set (0.00 sec)


+---------+---------+------+
| m_value | n_value | done |
+---------+---------+------+
|       2 | b       |    0 |
+---------+---------+------+
1 row in set (0.00 sec)


+---------+---------+------+
| m_value | n_value | done |
+---------+---------+------+
|       3 | c       |    0 |
+---------+---------+------+
1 row in set (0.00 sec)


+---------+---------+------+
| m_value | n_value | done |
+---------+---------+------+
|       4 | d       |    0 |
+---------+---------+------+
```

```
1 row in set (0.00 sec)

Query OK, 0 rows affected (0.07 sec)
```

16.5　触发器

前文说过，存储程序包括存储例程（存储函数与存储过程）、触发器和事件，其中存储例程是需要我们手动调用的，而触发器和事件是 MySQL 服务器在特定情况下自动调用的。接下来我们看一下触发器。

比方说，在使用 MySQL 的过程中我们可能会有下面这些需求。

- 在向 t1 表插入或更新数据之前自动对数据进行校验，要求 m1 列的值必须在 1~10 之间，校验规则如下：
  - 如果插入的记录的 m1 列的值小于 1，则按 1 插入；
  - 如果 m1 列的值大于 10，则按 10 插入。
- 在向 t1 表中插入记录之后自动把这条记录插入到 t2 表。

也就是我们在对表中的记录进行增、删、改操作的前和后，都可能需要让 MySQL 服务器自动执行一些额外的语句，这就是所谓的触发器的应用场景。

16.5.1　创建触发器

我们看一下定义触发器的语句：

```
CREATE TRIGGER 触发器名
{BEFORE|AFTER}
{INSERT|DELETE|UPDATE}
ON 表名
FOR EACH ROW
BEGIN
    触发器内容
END
```

> 由大括号（{}）包裹并且内部用竖线（|）分隔的语句表示必须在给定的选项中选取一个值，比如 {BEFORE|AFTER} 表示必须在 BEFORE、AFTER 这两个之间选取一个。

其中，{BEFORE|AFTER} 表示触发器内容执行的时机，它们的含义如表 16.2 所示。

表 16.2　BEFORE 和 AFTER 的含义

名称	描述
BEFORE	表示在具体的语句执行之前就开始执行触发器的内容
AFTER	表示在具体的语句执行之后才开始执行触发器的内容

{INSERT|DELETE|UPDATE} 表示对哪种语句设置触发器。MySQL 目前只支持对 INSERT、DELETE、UPDATE 这 3 种语句设置触发器。

FOR EACH ROW BEGIN ... END 表示对具体语句影响的每一条记录都执行我们自定义的触发器内容：

- 对于INSERT语句来说，FOR EACH ROW影响的记录就是我们准备插入的那些新记录；
- 对于 DELETE 语句和 UPDATE 语句来说，FOR EACH ROW 影响的记录就是符合 WHERE 条件的那些记录（如果语句中没有 WHERE 条件，则代表全部的记录）。

小贴士　如果触发器内容只包含一条语句，则可以省略 BEGN、END 这两个词儿。

因为 MySQL 服务器会对某条语句影响的所有记录依次调用我们自定义的触发器内容，所以针对每一条受影响的记录，我们需要一种方式来访问该记录中的内容。MySQL 提供了 NEW 和 OLD 这两个单词来分别代表新记录和旧记录，它们在不同语句中的含义不同：

- 对于 INSERT 语句设置的触发器来说，NEW 代表准备插入的记录，OLD 无效。
- 对于 DELETE 语句设置的触发器来说，OLD 代表删除前的记录，NEW 无效。
- 对于 UPDATE 语句设置的触发器来说，NEW 代表修改后的记录，OLD 代表修改前的记录。

现在可以正式定义一个触发器了：

```
mysql> DELIMITER $

mysql> CREATE TRIGGER bi_t1
    -> BEFORE INSERT ON t1
    -> FOR EACH ROW
    -> BEGIN
    ->     IF NEW.m1 < 1 THEN
    ->         SET NEW.m1 = 1;
    ->     ELSEIF NEW.m1 > 10 THEN
    ->         SET NEW.m1 = 10;
    ->     END IF;
    -> END $
Query OK, 0 rows affected (0.02 sec)

mysql> DELIMITER ;
```

我们对 t1 表定义了一个名为 bi_t1 的触发器，它的意思就是在对 t1 表插入新记录之前，对准备插入的每一条记录都会执行 BEGIN ... END 之间的语句，"NEW. 列名"表示当前待插入记录指定列的值。现在 t1 表中一共有 4 条记录：

```
mysql> SELECT * FROM t1;
+------+------+
| m1   | n1   |
+------+------+
|    1 | a    |
|    2 | b    |
|    3 | c    |
|    4 | d    |
+------+------+
4 rows in set (0.01 sec)
```

我们现在执行一下插入语句并再次查看 t1 表的内容：

```
mysql> INSERT INTO t1(m1, n1) VALUES(5, 'e'), (100, 'z');
Query OK, 2 rows affected (0.00 sec)
Records: 2  Duplicates: 0  Warnings: 0

mysql> SELECT * FROM t1;
+------+------+
| m1   | n1   |
+------+------+
|    1 | a    |
|    2 | b    |
|    3 | c    |
|    4 | d    |
|    5 | e    |
|   10 | z    |
+------+------+
6 rows in set (0.00 sec)
```

我们向 t1 表插入了 2 条记录：(5, 'e') 和 (100, 'z')。在实际插入前都会执行一下触发器内容：

- 对于记录 (5, 'e') 来说，由于 m1 列的值是 5，在 1 和 10 之间，所以可以顺利地插入到表中；
- 对于记录 (100, 'z') 来说，由于 m1 列的值是 100，大于 10，所以最终插入到表中的记录变成了 (10, 'z')。

小贴士　　　　上面定义的触发器名 bi_t1 的 bi 是 before insert 的首字母缩写，t1 是表名，这样命名触发器的好处是，可以很容易判断出这个触发器作用的语句、时机以及具体的表。

上文只是举了一个对 INSERT 语句设置 BEFORE 触发器的例子，对 DELETE 和 UPDATE 操作设置 BEFORE 或者 AFTER 触发器的过程是类似的，这里就不赘述了。

16.5.2　查看和删除触发器

用于查看当前数据库中定义的所有触发器的语句如下所示：

```
SHOW TRIGGERS;
```

用于查看某个具体的触发器的定义的语句如下所示：

```
SHOW CREATE TRIGGER 触发器名
```

用于删除触发器的语句如下所示：

```
DROP TRIGGER 触发器名
```

这几个语句太简单了，就不举例子了。

16.5.3　触发器使用注意事项

在使用触发器时，有下面几个注意事项，请大家一定要注意。

- 触发器内容中不能有输出结果集的语句。

  比方说:

```
mysql> DELIMITER $

mysql> CREATE TRIGGER ai_t1
    -> AFTER INSERT ON t1
    -> FOR EACH ROW
    -> BEGIN
    ->     SELECT NEW.m1, NEW.n1;
    -> END $
ERROR 1415 (0A000): Not allowed to return a result set from a trigger
```

- 触发器内容中 NEW 代表记录的列的值可以被更改,OLD 代表记录的列的值无法更改。
  NEW 代表新插入或即将修改后的记录,修改它的列的值将影响 INSERT 和 UPDATE 语句执行后的结果,而 OLD 代表修改或删除之前的值,无法进行修改。

  比如说,如果我们非要这么写,则会报错的:

```
mysql> delimiter $
mysql> CREATE TRIGGER bu_t1
    -> BEFORE UPDATE ON t1
    -> FOR EACH ROW
    -> BEGIN
    ->     SET OLD.m1 = 1;
    -> END $
ERROR 1362 (HY000): Updating of OLD row is not allowed in trigger
```

- 在 BEFORE 触发器中,可以使用 "SET NEW.列名 = 某个值" 的形式来更改待插入记录或者待更新记录的某个列的值,但是这种操作不能在 AFTER 触发器中使用,因为在执行 AFTER 触发器的内容时记录已经被插入完成或者更新完成了。

  比方说,如果我们非要这么写,则会报错的:

```
mysql> delimiter $
mysql>     CREATE TRIGGER ai_t1
    ->     AFTER INSERT ON t1
    ->     FOR EACH ROW
    ->     BEGIN
    ->         SET NEW.m1 = 1;
    ->     END $
ERROR 1362 (HY000): Updating of NEW row is not allowed in after trigger
```

16.6 事件

有时我们想让 MySQL 服务器在某个时间点或者每隔一段时间自动地执行一些语句,这就需要去创建一个事件。

16.6.1 创建事件

创建事件的语法如下:

```
CREATE EVENT 事件名
ON SCHEDULE
{
    AT 某个确定的时间点|
    EVERY 期望的时间间隔 [STARTS 开始日期和时间][END 结束日期和时间]
}
DO
BEGIN
    具体的语句
END
```

事件支持两种类型的自动执行方式：在某个确定的时间点执行；每隔一段时间执行一次。
下面我们来看一下。

● 在某个确定的时间点执行。

比方说：

```
CREATE EVENT insert_t1_event
ON SCHEDULE
AT '2021-09-04 15:48:54'
DO
BEGIN
    INSERT INTO t1(m1, n1) VALUES(6, 'f');
END
```

我们在这个事件中指定了执行时间是 '2021-09-04 15:48:54'。除了直接填某个
时间常量，也可以填写一些表达式：

```
CREATE EVENT insert_t1_event
ON SCHEDULE
AT DATE_ADD(NOW(), INTERVAL 2 DAY)
DO
BEGIN
    INSERT INTO t1(m1, n1) VALUES(6, 'f');
END
```

其中的 DATE_ADD(NOW(), INTERVAL 2 DAY) 表示该事件将在当前时间的两天后
执行。

● 每隔一段时间执行一次。

比方说：

```
CREATE EVENT insert_t1_event
ON SCHEDULE
EVERY 1 HOUR
DO
BEGIN
    INSERT INTO t1(m1, n1) VALUES(6, 'f');
END
```

其中的 EVERY 1 HOUR 表示该事件将每隔 1 个小时执行一次。这也就意味着该事件
就像闹钟一样，每到时刻就会执行一次，而且就这么一直重复下去。

我们也可以指定该事件开始执行的日期和时间以及停止执行的日期和时间：

```
CREATE EVENT insert_t1_event
ON SCHEDULE
EVERY 1 HOUR STARTS '2021-09-04 15:48:54' ENDS '2021-09-16 15:48:54'
DO
BEGIN
    INSERT INTO t1(m1, n1) VALUES(6, 'f');
END
```

如上所示，该事件将从 '2019-09-04 15:48:54' 开始执行，直到 '2019-09-16 15:48:54' 为止，每隔 1 小时执行一次。

> 表示时间间隔的单位除了 HOUR 之外，还可以用 YEAR、QUARTER、MONTH、DAY、HOUR、MINUTE、WEEK、SECOND、YEAR_MONTH、DAY_HOUR、DAY_MINUTE、DAY_SECOND、HOUR_MINUTE、HOUR_SECOND、MINUTE_SECOND 这些单位。我们可以根据具体需求选择需要的时间间隔单位。

在创建好事件之后，就可以不用管了。到了指定时间，MySQL 服务器会帮我们自动执行的。

> 定时执行事件的功能需要开启后才能正常使用，开启语句如下所示：
>
> ```
> SET GLOBAL event_scheduler = ON;
> ```

16.6.2 查看和删除事件

用于查看当前数据库中定义的所有事件的语句如下所示：

```
SHOW EVENTS
```

用于查看某个具体的事件的定义的语句如下所示：

```
SHOW CREATE EVENT 事件名
```

用于删除事件的语句如下所示：

```
DROP EVENT 事件名
```

这几个语句太简单了，就不举例子了。

第17章 备份与恢复

狗哥这人有个粗心大意的毛病，有一次在写 DELETE 语句的时候忘记写 WHERE 条件，导致把表中的所有数据都删除了，这让狗哥懊悔了三天三夜。这其实也提醒大家在平时一定要做好数据的备份，以备不时之需。本章就来唠叨一下如何在 MySQL 中备份以及恢复数据。

17.1 mysqldump

17.1.1 使用 mysqldump 备份数据

我们之前一直使用名为 mysql 的可执行文件（位于 MySQL 安装目录的 bin 目录下）作为 MySQL 客户端与服务器进行交互。其实，这个 bin 目录下还有许多可执行文件，其中一个名为 mysqldump 的可执行文件就是用来备份数据的。

需要强调的是，mysqldump 是一个可执行文件，我们需要在命令行解释器（比如类 UNIX 系统中的 Shell 或者 Windows 的 cmd.exe）中执行它。

下边看一下如何使用 mysqldump。

1. 备份指定数据库中的指定表

相应的命令如下所示：

```
mysqldump [其他选项] 数据库名 [表1名，表2名，表3名 ...]
```

比方说，我现在使用的是 Windows 系统，在打开 cmd.exe 后执行如下命令：

```
C:\Users\xiaohaizi>mysqldump -uroot -hlocalhost -p xiaohaizi student_score > student_score.sql
Enter password: ******
```

由于 mysqldump 本身也是一个客户端程序，在进行备份数据时需要与服务器进行通信，所以我们指定了 -u（用户名）、-h（主机）和 -p（密码）参数。

另外，由于 mysqldump 的输出内容较多，我们一般会把输出内容重定向到某个文件中，而不是直接在屏幕上输出来。上述命令中的 > student_score.sql 表示把命令的执行结果重定向到一个名为 student_score.sql 的文件中（这里写的是相对路径，该文件实际上位于当前工作目录下，在我的机器上就是 C:\Users\xiaohaizi 文件夹的下面）。

在执行完上述命令后，我们打开这个文件看一下里面的内容：

```
-- MySQL dump 10.13  Distrib 8.0.23, for Win64 (x86_64)
--
-- Host: localhost    Database: xiaohaizi
-- -------------------------------------------------------
-- Server version    8.0.23

/*!40101 SET @OLD_CHARACTER_SET_CLIENT=@@CHARACTER_SET_CLIENT */;
/*!40101 SET @OLD_CHARACTER_SET_RESULTS=@@CHARACTER_SET_RESULTS */;
/*!40101 SET @OLD_COLLATION_CONNECTION=@@COLLATION_CONNECTION */;
/*!50503 SET NAMES utf8mb4 */;
/*!40103 SET @OLD_TIME_ZONE=@@TIME_ZONE */;
/*!40103 SET TIME_ZONE='+00:00' */;
/*!40014 SET @OLD_UNIQUE_CHECKS=@@UNIQUE_CHECKS, UNIQUE_CHECKS=0 */;
/*!40014 SET @OLD_FOREIGN_KEY_CHECKS=@@FOREIGN_KEY_CHECKS, FOREIGN_KEY_CHECKS=0 */;
/*!40101 SET @OLD_SQL_MODE=@@SQL_MODE, SQL_MODE='NO_AUTO_VALUE_ON_ZERO' */;
/*!40111 SET @OLD_SQL_NOTES=@@SQL_NOTES, SQL_NOTES=0 */;


--
-- Table structure for table `student_score`
--

DROP TABLE IF EXISTS `student_score`;
/*!40101 SET @saved_cs_client     = @@character_set_client */;
/*!50503 SET character_set_client = utf8mb4 */;
CREATE TABLE `student_score` (
  `number` int NOT NULL,
  `subject` varchar(30) NOT NULL,
  `score` tinyint DEFAULT NULL,
  PRIMARY KEY (`number`,`subject`),
  CONSTRAINT `student_score_ibfk_1` FOREIGN KEY (`number`) REFERENCES `student_info` (`number`)
) ENGINE=InnoDB DEFAULT CHARSET=utf8mb4 COLLATE=utf8mb4_0900_ai_ci;
/*!40101 SET character_set_client = @saved_cs_client */;


--
-- Dumping data for table `student_score`
--


LOCK TABLES `student_score` WRITE;
/*!40000 ALTER TABLE `student_score` DISABLE KEYS */;
INSERT INTO `student_score` VALUES (20210101,'MySQL是怎样运行的',88),(20210101,'计算机是怎样运行
的',78),(20210102,'MySQL是怎样运行的',98),(20210102,'计算机是怎样运行的',100),(20210103,'MySQL是怎样运
行的',61),(20210103,'计算机是怎样运行的',59),(20210104,'MySQL是怎样运行的',46),(20210104,'计算机是怎样
运行的',55);
/*!40000 ALTER TABLE `student_score` ENABLE KEYS */;
UNLOCK TABLES;
/*!40103 SET TIME_ZONE=@OLD_TIME_ZONE */;

/*!40101 SET SQL_MODE=@OLD_SQL_MODE */;
/*!40014 SET FOREIGN_KEY_CHECKS=@OLD_FOREIGN_KEY_CHECKS */;
/*!40014 SET UNIQUE_CHECKS=@OLD_UNIQUE_CHECKS */;
/*!40101 SET CHARACTER_SET_CLIENT=@OLD_CHARACTER_SET_CLIENT */;
/*!40101 SET CHARACTER_SET_RESULTS=@OLD_CHARACTER_SET_RESULTS */;
/*!40101 SET COLLATION_CONNECTION=@OLD_COLLATION_CONNECTION */;
/*!40111 SET SQL_NOTES=@OLD_SQL_NOTES */;

-- Dump completed on 2021-05-24 16:44:45
```

可以看到输出了很多内容，其中包含 student_score 的建表语句以及针对该表的 INSERT 语句。INSERT 语句所插入记录的内容其实就是当前表中包含的记录。之后如果 stduent_score 表被误删除，或者想在别的数据库服务器上重新建立这个表并为它填充数据，那么执行这个 student_score.sql 文件中的语句即可。

2. 备份指定数据库中的所有表

相应的命令如下所示：

```
mysqldump [其他选项] --databases 数据库1名，数据库2名，数据库3名，...
```

比方说，下面的命令就是用来备份 xiaohaizi、dahaizi 这两个数据库下的所有表：

```
mysqldump -uroot -hlocalhost -p --databases xiaohaizi dahaizi
```

3. 备份所有数据库的所有表

相应的命令如下所示：

```
mysqldump [其他选项] --all-databases
```

比方说，下面的命令就是用来备份当前服务器中所有数据库的所有表：

```
mysqldump -uroot -hlocalhost -p --all-databases
```

17.1.2 使用 SOURCE 语句恢复数据

在得到备份文件之后，可以通过 SOURCE 语句来执行备份文件中的语句。来看下面这个例子：

```
mysql> DROP TABLE student_score;
Query OK, 0 rows affected (0.06 sec)

mysql> SELECT * FROM student_score;
ERROR 1146 (42S02): Table 'xiaohaizi.student_score' doesn't exist

mysql> SOURCE C:\Users\xiaohaizi\student_score.sql
Query OK, 0 rows affected (0.00 sec)
...  （这里省略了一些输出）

mysql> SELECT * FROM student_score;
+----------+--------------------+-------+
| number   | subject            | score |
+----------+--------------------+-------+
| 20210101 | MySQL是怎样运行的   |    88 |
| 20210101 | 计算机是怎样运行的  |    78 |
| 20210102 | MySQL是怎样运行的   |    98 |
| 20210102 | 计算机是怎样运行的  |   100 |
| 20210103 | MySQL是怎样运行的   |    61 |
| 20210103 | 计算机是怎样运行的  |    59 |
| 20210104 | MySQL是怎样运行的   |    46 |
| 20210104 | 计算机是怎样运行的  |    55 |
+----------+--------------------+-------+
8 rows in set (0.00 sec)
```

可以看到，只要将备份文件的路径放到 SOURCE 单词后面，就可以执行备份文件中的语句，也就可以恢复表中的数据了。

17.2　以文本形式导出或导入

在日常工作中，我们可能会遇到这样的需求，即将表中的数据以文本的形式进行导出或将文本形式的数据导入到表中。比方说，将表中的数据在 Execl 中展现或者将 Execl 文件中的数据导入到表中，此时 SELECT ... INTO OUTFILE 和 LOAD DATA 语句就十分有用了。

17.2.1　导出数据

导出数据的语法如下所示：

```
SELECT ... INTO OUTFILE '文件路径' [导出选项]
```

比较常用的导出选项如下所示。

- FIELDS TERMINATED BY：表示列分隔符，也就是各列的值之间使用什么符号进行分隔，默认以 '\t'（也就是制表符）分隔（制表符就是键盘上的那个 Tab 键对应的字符，效果等效于若干个空格）。

  比方说，FIELDS TERMINATED BY ','表示各列的值以逗号分隔。
- FIELDS [OPTIONALLY] ENCLOSED BY：表示列引用符，也就是每个列的值被什么符号包裹起来，默认是空字符串 ''。如果加上 OPTIONALLY 则只会作用于字符串类型的列。

  比方说，FIELDS ENCLOSED BY ' " '表示每个列的值都将被双引号引起来。
- LINES STARTING BY：表示行开始符，也就是每一行以什么符号开头，默认是空字符串 ''。

  比方说，LINES STARTING BY '%%' 表示每行都以两个百分号开头。
- LINES TERMINATED BY：表示行结束符，也就是每一行以什么符号结尾，默认是换行符 '\n'。

  比方说，LINES STARTING BY '$$' 表示每行都以两个美元符号结尾。

现在，我们想导出 student_score 表中的数据，则可以这么写：

```
mysql> SELECT * FROM student_score INTO OUTFILE 'C:/ProgramData/MySQL/MySQL Server 8.0/
Uploads/student_score.txt';
Query OK, 8 rows affected (0.00 sec)
```

这样执行 SELECT * FROM student_score 语句后的结果集就会被放到 C:/ProgramData/MySQL/MySQL Server 8.0/Uploads/student_score.txt 文件中。打开这个文件看一下里面的内容（大家可以将该文件使用 Execl 打开看看效果）：

```
20210101      MySQL是怎样运行的      88
20210101      计算机是怎样运行的      78
20210102      MySQL是怎样运行的      98
```

```
20210102        计算机是怎样运行的     100
20210103        MySQL是怎样运行的      61
20210103        计算机是怎样运行的      59
20210104        MySQL是怎样运行的      46
20210104        计算机是怎样运行的      55
```

接下来设置一些导出选项：

```
mysql> SELECT * FROM student_score INTO OUTFILE 'C:/ProgramData/MySQL/MySQL Server 8.0/
Uploads/student_score1.txt' FIELDS OPTIONALLY ENCLOSED BY '"' LINES STARTING BY '>_> ';
Query OK, 8 rows affected (0.00 sec)
```

打开 student_score1.txt 文件，内容如下：

```
>_> 20210101        "MySQL是怎样运行的"       88
>_> 20210101        "计算机是怎样运行的"       78
>_> 20210102        "MySQL是怎样运行的"       98
>_> 20210102        "计算机是怎样运行的"       100
>_> 20210103        "MySQL是怎样运行的"       61
>_> 20210103        "计算机是怎样运行的"       59
>_> 20210104        "MySQL是怎样运行的"       46
>_> 20210104        "计算机是怎样运行的"       55
```

可以看到，每行都以 '>_> ' 开头，并且由于只有 subject 列是字符串类型的，所以只有该列的值使用双引号引起来了。

　　使用 SELECT ... INTO OUTFILE 语句导出的数据会被存储到运行服务器程序的主机上。

17.3　导入数据

导入数据的语法如下所示：

```
LOAD DATA [LOCAL] INFILE '文件路径' INTO TABLE 表名 [导入选项]
```

如果填入 LOCAL，则表明要导入的数据文件在运行客户端的主机中，否则就是在运行服务器的主机中。由于目前我们的客户端和服务器都运行在同一台主机上，所以填不填 LOCAL 其实没什么关系。

常用的导入选项和 SELECT ... INTO OUTFILE 语句中的导出选项类似，这里就不多唠叨了。

为了演示 LOAD DATA 语句的使用效果，我们先把 student_score 表中的记录全都删掉：

```
mysql> DELETE FROM student_score;
Query OK, 8 rows affected (0.01 sec)

mysql> SELECT * FROM student_score;
Empty set (0.00 sec)
```

然后运行 LOAD DATA 语句，将之前使用 SELECT ... INTO OUTFILE 语句导出的数据再导入到 student_info 表中：

```
mysql> LOAD DATA INFILE 'C:/ProgramData/MySQL/MySQL Server 8.0/Uploads/student_score.txt'
INTO TABLE student_score;
Query OK, 8 rows affected (0.00 sec)
Records: 8  Deleted: 0  Skipped: 0  Warnings: 0

mysql> SELECT * FROM student_score;
+----------+--------------------+-------+
| number   | subject            | score |
+----------+--------------------+-------+
| 20210101 | MySQL是怎样运行的   |    88 |
| 20210101 | 计算机是怎样运行的 |    78 |
| 20210102 | MySQL是怎样运行的   |    98 |
| 20210102 | 计算机是怎样运行的 |   100 |
| 20210103 | MySQL是怎样运行的   |    61 |
| 20210103 | 计算机是怎样运行的 |    59 |
| 20210104 | MySQL是怎样运行的   |    46 |
| 20210104 | 计算机是怎样运行的 |    55 |
+----------+--------------------+-------+
8 rows in set (0.00 sec)
```

可以看到数据又回来了！

第18章 用户与权限

18.1 用户管理

在刚开始安装 MySQL 时，我们创建了一个名为 root 的用户，之后在使用 MySQL 客户端与服务器建立连接时，指定的用户名也一直是 root。其实在安装 MySQL 时，也会自动创建一些别的用户，这些用户的信息都被存储到 mysql 数据库（这是一个默认创建的数据库）的 user 表中。我们看一下目前都有哪些用户：

```
mysql> select user, host from mysql.user;
+------------------+-----------+
| user             | host      |
+------------------+-----------+
| mysql.infoschema | localhost |
| mysql.session    | localhost |
| mysql.sys        | localhost |
| root             | localhost |
+------------------+-----------+
4 rows in set (0.00 sec)
```

由于 mysql.user 表中的列太多了，如果全列出来会刷屏，所以我们只在查询列表中留下了 user 和 host 这两个十分重要的列。其中 user 列表示用户名，host 列表示主机名（用户可以在该主机上启动客户端来连接服务器）。以 root 用户为例，对应的 host 列值是 localhost，表示该用户只能在本地（也就是启动服务器的主机）启动客户端来连接服务器。除 root 外，mysql.infoschema、mysql.session、mysql.sys 这 3 个用户都是有特殊用途的，不能用于客户端连接服务器。

18.1.1 创建用户

我们可以使用 CREATE USER 语句创建多个可以使用客户端连接服务器的用户。在创建用户时，一般要指定 3 项内容：

- 用户名；
- 主机名——指明客户端可以在哪些机器上启动（也可以填入 IP 地址），如果省略则默认值为 '%'，表示该用户可以在任意主机上启动客户端；
- 密码——如果省略则表示此用户暂不需要密码。

比方说，我们想创建一个用户名为 xiaohaizi、指定主机为 localhost、密码为 88888888 的用户，则可以这么写（用户名和主机名之间使用 @ 连接起来）：

```
mysql> CREATE USER 'xiaohaizi'@'localhost' IDENTIFIED BY '88888888';
Query OK, 0 rows affected (0.00 sec)

mysql> SELECT user, host FROM mysql.user;
+------------------+-----------+
| user             | host      |
+------------------+-----------+
| mysql.infoschema | localhost |
| mysql.session    | localhost |
| mysql.sys        | localhost |
| root             | localhost |
| xiaohaizi        | localhost |
+------------------+-----------+
5 rows in set (0.00 sec)
```

小贴士

在上例中，用户名和主机名都被单引号引起来，其实这里的用户名和主机名都不包含特殊字符，写成 xiaohaizi@localhost 也是可以的。不过，如果出现诸如空格、减号 (-) 等特殊字符，就必须使用引号引起来。另外，千万不要将 'xiaohaizi'@'localhost' 写成 'xiaohaizi@localhost'，因为 MySQL 服务器会单纯地把 'xiaohaizi@localhost' 当成用户名对待，这也就等同于 'xiaohaizi@localhost'@'%'。

然后，就可以在另一个命令行解释器中使用该用户来启动客户端并连接服务器了：

```
C:\Users\xiaohaizi>mysql -uxiaohaizi -hlocalhost -p88888888
mysql: [Warning] Using a password on the command line interface can be insecure.
Welcome to the MySQL monitor.  Commands end with ; or \g.
Your MySQL connection id is 12
Server version: 8.0.23 MySQL Community Server - GPL

Copyright (c) 2000, 2021, Oracle and/or its affiliates.

Oracle is a registered trademark of Oracle Corporation and/or its
affiliates. Other names may be trademarks of their respective
owners.

Type 'help;' or '\h' for help. Type '\c' to clear the current input statement.

mysql> SHOW DATABASES;
+--------------------+
| Database           |
+--------------------+
| information_schema |
+--------------------+
1 row in set (0.00 sec)
```

可以看到，虽然使用刚创建的用户名 xiaohaizi 可以登录服务器，但是在执行 SHOW DATABASES 语句后只能看到一个名为 information_schema 的数据库。其他的数据库哪儿去了？这是因为新创建的用户拥有非常小的权限，无法看到其他数据库，也无法操作其他数据库。稍后将讨论如何给用户授予和移除权限。

18.1.2　修改密码

可以通过 ALTER USER 语句为某个用户修改密码，比如：

```
mysql> ALTER USER 'xiaohaizi'@'localhost'  IDENTIFIED BY '12345678';
Query OK, 0 rows affected (0.01 sec)
```

之后再使用 xiaohaizi 用户名启动客户端时，指定的密码就变成了 12345678。

18.1.3　删除用户

如果我们觉得某个用户没有存在的必要了，则可以使用 DROP USER 删除它。比方说，我们删除一个用户名为 xiaohaizi、主机为 localhost 的用户：

```
mysql> DROP USER 'xiaohaizi'@'localhost';
Query OK, 0 rows affected (0.01 sec)

mysql> SELECT user, host FROM mysql.user;
+-------------------+-----------+
| user              | host      |
+-------------------+-----------+
| mysql.infoschema  | localhost |
| mysql.session     | localhost |
| mysql.sys         | localhost |
| root              | localhost |
+-------------------+-----------+
4 rows in set (0.00 sec)
```

18.2　权限管理

18.2.1　授予权限

我们来看这样一个问题：用户“狗哥”创建了一个表，用户“猫爷”可不可以对该表进行增删改查操作呢？这就涉及不同用户拥有的权限问题。我们可以使用 GRANT 语句来为某个用户授予权限，一般格式如下：

```
GRANT 权限名称
ON 应用级别
TO '用户名'@'主机名'
[WITH GRANT OPTION]
```

我们逐个分析一下 GRANT 语句中涉及的各个概念。

1. 权限名称

MySQL 中提供了许多种类的权限，权限不同，可进行的操作就不同。比方说，一个用户只有在拥有 SELECT 权限后才可以执行 SELECT 语句，在拥有 CREATE 权限后才可以执行 CREATE 语句。MySQL 提供的权限的名称以及描述如表 18.1 所示。

表 18.1 MySQL 提供的权限名称以及描述

权限名称	描述
ALL [PRIVILEGES]	代表除了 GRANT OPTION、PROXY 以外的其他所有权限
ALTER	修改数据库、表结构的权限
ALTER ROUTINE	修改或删除存储例程的权限
CREATE	创建数据库和表的权限
CREATE ROLE	创建角色的权限
CREATE ROUTINE	创建存储例程的权限
CREATE TABLESPACE	创建、删除和修改表空间以及日志文件组的权限
CREATE TEMPORARY TABLES	创建临时表的权限
CREATE USER	创建、删除、重命名用户，以及移除用户权限的权限
CREATE VIEW	创建和修改视图的权限
DELETE	删除记录的权限
DROP	删除数据库、表和视图的权限
DROP ROLE	删除角色的权限
EVENT	使用事件的权限
EXECUTE	执行存储例程的权限
FILE	允许服务器读写文件的权限
GRANT OPTION	给其他账户授予或移除权限的权限
INDEX	创建或删除索引的权限
INSERT	插入记录的权限
LOCK TABLES	使用 LOCK TABLES 语句的权限
PROCESS	使用 SHOW PROCESSLIST 语句看到所有线程的权限
PROXY	使用用户代理的权限
REFERENCES	创建外键的权限
RELOAD	使用 FLUSH 语句的权限
REPLICATION CLIENT	查看主、从服务器的权限

续表

权限名称	描述
REPLICATION SLAVE	从服务器可以从主服务器读取二进制日志事件的权限
SELECT	使用 SELECT 语句的权限
SHOW DATABASES	使用 SHOW DATABASES 语句的权限
SHOW VIEW	使用 SHOW CREATE VIEW 的权限
SHUTDOWN	使用 mysqladmin shutdown 的权限
SUPER	使用其他诸如 CHANGE REPLICATION SOURCE TO、CHANGE MASTER TO、KILL、PURGE BINARY LOGS、SET GLOBAL 和 mysqladmin debug 命令的管理员操作的权限
TRIGGER	使用触发器的权限
UPDATE	使用 UPDATE 语句的权限
USAGE	无权限

小贴士　　上述列举的是所谓的静态权限，还有一批称之为动态权限的权限，不过不是经常用到，这里就不多唠叨了。

　　大家不要被这些密密麻麻的权限吓到，作为小白的我们只需要知道诸如 SELECT、INSERT、UPDATE、CREATE、DROP、ALTER 等相关权限就好了。

2. 应用级别

　　用户"狗哥"拥有了 DELETE 权限之后，就可以执行 DELTE 语句来删除记录。但是我们只想让狗哥删除自己创建的表中的记录，不能删除用户"李四"创建的表中的记录，这该怎么办呢？这就得在使用 GRANT 语句为用户授予权限的时候，指定一下权限的应用级别了。常用的权限应用级别有下面这些。

- *.*：代表全局级别。全局级别的权限作用于任何数据库下的任何对象（诸如表、视图等）。
- 数据库名.*：代表数据库级别。数据库级别的权限作用于指定数据库下的任何对象。
- 数据库名.表名：代表表级别。表级别的权限作用于表中的任何列。

3. WITH GRANT OPTION

　　如果在使用 GRANT 语句为某个用户授予权限时添加了 WITH GRANT OPTION 子句，则表示该用户可以将自己拥有的权限授予其他人。

小贴士

root 用户默认拥有最高权限，它可以把任何权限授予其他用户。

接下来看几个例子。

```
mysql> CREATE USER 'xiaohaizi'@'localhost' IDENTIFIED BY '88888888';
Query OK, 0 rows affected (0.00 sec)

mysql> GRANT SELECT
    -> ON *.*
    -> TO 'xiaohaizi'@'localhost'
    -> WITH GRANT OPTION;
Query OK, 0 rows affected (0.00 sec)

mysql> GRANT UPDATE
    -> ON xiaohaizi.student_info
    -> TO 'xiaohaizi'@'localhost'
    -> WITH GRANT OPTION;
Query OK, 0 rows affected (0.01 sec)
```

在上例中，第一个 GRANT 语句授予了用户 'xiaohaizi'@'localhost' 全局级别的 SELECT 权限，第二个 GRANT 语句授予了用户 'xiaohaizi'@'localhost' 对 xiaohaizi 数据库下的 student_info 表的 UPDATE 权限。

18.2.2 查看权限

我们可以使用 SHOW GRANTS 语句查看某个用户目前拥有什么权限：

```
mysql> SHOW GRANTS FOR 'xiaohaizi'@'localhost';
+--------------------------------------------------------------------------------------+
| Grants for xiaohaizi@localhost                                                       |
+--------------------------------------------------------------------------------------+
| GRANT SELECT ON *.* TO `xiaohaizi`@`localhost` WITH GRANT OPTION                     |
| GRANT UPDATE ON `xiaohaizi`.`student_info` TO `xiaohaizi`@`localhost` WITH GRANT OPTION |
+--------------------------------------------------------------------------------------+
2 rows in set (0.00 sec)
```

可以看到，我们刚刚给 'xiaohaizi'@'localhost' 授予的两个权限展示出来了。

18.2.3 移除权限

给某个用户移除权限时，需要使用 REVOKE 语句，其一般格式如下：

```
REVOKE 权限名称
ON 应用级别
FROM '用户名'@'主机名'
```

比方说，我们想把 'xiaohaizi'@'localhost' 对 xiaohaizi 数据库下的 student_info 表的 UPDATE 权限给移除掉，可以这样写：

```
mysql> REVOKE UPDATE
    -> ON xiaohaizi.student_info
    -> FROM 'xiaohaizi'@'localhost';
Query OK, 0 rows affected (0.00 sec)
```

再查看一下 `'xiaohaizi'@'localhost'` 目前拥有的权限：

```
mysql> SHOW GRANTS FOR 'xiaohaizi'@'localhost';
+------------------------------------------------------------------------------------------+
| Grants for xiaohaizi@localhost                                                           |
+------------------------------------------------------------------------------------------+
| GRANT SELECT ON *.* TO `xiaohaizi`@`localhost` WITH GRANT OPTION                         |
| GRANT USAGE ON `xiaohaizi`.`student_info` TO `xiaohaizi`@`localhost` WITH GRANT OPTION |
+------------------------------------------------------------------------------------------+
2 rows in set (0.00 sec)
```

可以看到，输出结果的第二条记录已经从原先的 GRANT UPDATE ...已经变成了 GRANT USAGE...。其中，USAGE 表示无任何权限，这就意味着我们已经成功地将 xiaohaizi 数据库下的 student_info 表的 UPDATE 权限移除了。

第19章　应用程序连接MySQL服务器

在实现较为复杂的应用（如网上商城、新闻门户网站）时，我们一般使用传统的编程语言来实现它们，比如 C、Java、PHP 等。这些复杂应用产生的数据一般会被保存在 DBMS（数据库管理系统，MySQL 就是一种 DBMS）中。下面就以 Java 语言为例，来唠叨一下如何使用编程语言与 MySQL 服务器进行通信。

19.1　JDBC 规范

除 MySQL 外，市场上还包含诸如 Oracle、SQL Server、PostgreSQL 等多种多样的 DBMS，所以设计 Java 语言的大叔为了方便，提出了一个称之为 JDBC（Java Database Connectivity）的规范。这个规范规定了使用 Java 语言访问 DBMS 的一般步骤，不论是访问哪种 DBMS，我们只要按着规范中规定好的步骤来就好了。

设计 MySQL 的大叔实现了这个 JDBC 规范，我们需要做的就是把他们提供的名为 mysql-connector-java 的 jar 包下载下来并放到 classpath 下，然后按照规范中规定的步骤来编写代码即可。

我们可以到 MySQL 官网（https://dev.mysql.com/downloads/connector/j/）下载这个 jar 包，或者直接使用 Maven 来下载这个 jar 包。Maven 地址如下：

```
<!-- https://mvnrepository.com/artifact/mysql/mysql-connector-java -->
<dependency>
    <groupId>mysql</groupId>
    <artifactId>mysql-connector-java</artifactId>
    <version>8.0.23</version>
</dependency>
```

小贴士　　　如果有同学实在不会下载，可以找我要。

19.2　使用 JDBC 连接数据库的例子

接下来先给出一个使用 JDBC 访问数据库的例子，稍后再依次分析其中的若干步骤：

```java
import java.sql.*;

public class JdbcDemo {

    public static final String URL = "jdbc:mysql://localhost?user=root&password=123456";

    public static final String DRIVER_CLASS_NAME = "com.mysql.cj.jdbc.Driver";

    public static void main(String[] args) throws Exception {

        //1. 注册驱动类
        Class.forName(JdbcDemo.DRIVER_CLASS_NAME);

        // 2. 获取连接
        Connection conn = DriverManager.getConnection(JdbcDemo.URL);

        // 3. 生成Statement对象
        Statement statement = conn.createStatement();

        //4. 执行语句并获取结果集对象
        ResultSet resultSet = statement.executeQuery("SELECT * FROM xiaohaizi.student_info");

        //5. 处理结果集
        while (resultSet.next()) {
            int number = resultSet.getInt("number");
            String name = resultSet.getString("name");
            String sex = resultSet.getString("sex");
            StringBuilder sb = new StringBuilder()
                    .append("number: ").append(number).append("\t")
                    .append("name: ").append(name).append("\t")
                    .append("sex: ").append(sex);
            System.out.println(sb);
        }

        //6. 关闭连接，释放资源
        resultSet.close();
        statement.close();
        conn.close();
    }
}
```

> 　　为了直观地体现使用 JDBC 连接数据库的各个步骤，我们直接在 main 函数上使用了 throws Exception，表明忽略各个方法可能抛出的异常。在真实的工作中，我们需要对程序可能抛出的异常进行必要处理。

下边来详细分析一下。

1. 注册驱动类

com.mysql.cj.jdbc.Driver 是 MySQL 驱动类的类名，Class.forName(JdbcDemo.DRIVER_CLASS_NAME) 语句的作用是说明我们现在使用的是 MySQL 的驱动程序来连接 MySQL 服务器。如果需要连接别的 DBMS，那得填入其他驱动类的类名。

2. 获取连接

调用 DriverManager.getConnection 方法与 MySQL 服务器建立连接，该方法接收

一个字符串作为参数，该字符串的格式如下所示。

协议://主机名?user=用户名&passwrd=密码

- 协议：代表采用哪种协议与服务器进行沟通。这里填入 `jdbc:mysql` 就好了。
- 主机名：代表服务器所在的主机的名字是啥。例子中的主机名为 `localhost`，表明服务器就运行在本机中。
- 用户名：代表以哪个用户的身份与服务器建立连接。例子中的用户名是 `root`。
- 密码：用户对应的密码。例子中是 `root` 用户对应的密码 `123456`。

3. 生成 Statement 对象

MySQL 语句对应的 Java 类就是 `Statement`，我们需要调用 `Connection` 类的 `createStatement` 方法创建一个 `Statement` 对象。

4. 执行语句并获取结果集对象

`Statement` 类提供了一个名为 `executeQuery` 的方法来执行查询语句，我们只需要将相应的语句作为该方法的参数即可。`executeQuery` 方法返回一个名为 `ResultSet` 类型的对象，该对象代表查询语句执行后的结果集。

5. 处理结果集

在调用 `executeQuery` 方法执行了查询语句并得到 `ResultSet` 对象后，就可以通过调用 `ResultSet` 对象的方法来读取结果集的内容了。

`ResultSet` 对象内部维护了一个变量，用来标记当前正在处理结果集中的哪条记录，我们可以将这个变量称之为 `cursor`。初始的时候这个 `cursor` 指向结果集中第一条记录的前面，如图 19.1 所示。

图 19.1 初始时 cursor 不指向任何结果集记录

`ResultSet` 对象的 `next` 方法用于调整 `cursor` 指向记录的位置，每调用一次 `next` 方法，`cursor` 就指向下一条记录。本例中第一次调用 `resultSet.next()` 后，`cursor` 指向结果集中的第一条记录，如图 19.2 所示。

在 `cursor` 指向结果集中的记录之后，就可以通过 `ResultSet` 对象的一系列 `get` 方法来读取结果集记录中某个列的值了。这些 `get` 方法可以接收列名或者该列在结果集中的位置作为参数。比方说 `getString("name")` 表示获取结果集记录中列名为 `name` 的列的值，`getString(1)` 表示结果集记录中第一个列的值。

图 19.2 cursor 指向结果集中的第一条记录

这里列出一些比较常用的 get 方法。

- getString：将结果集中对应列的值转为 Java 中的 String 类型返回。
- getBoolean：将结果集中对应列的值转为 Java 中的 Boolean 类型返回。
- getByte：将结果集中对应列的值转为 Java 中的 Byte 类型返回。
- getShort：将结果集中对应列的值转为 Java 中的 Short 类型返回。
- getInt：将结果集中对应列的值转为 Java 中的 Int 类型返回。
- getLong：将结果集中对应列的值转为 Java 中的 Long 类型返回。
- getFloat：将结果集中对应列的值转为 Java 中的 Float 类型返回。
- getDouble：将结果集中对应列的值转为 Java 中的 Double 类型返回。
- getDate：将结果集中对应列的值转为 Java 中的 Date 类型返回。
- getTime：将结果集中对应列的值转为 Java 中的 Time 类型返回。
- getTimestamp：将结果集中对应列的值转为 Java 中的 Timestamp 类型返回。

在本例中，我们依次获取结果集记录中的 number、name、sex 列的值，并将它们拼接成一个字符串。

6. 关闭连接

该步骤用来释放连接过程中占用的各种资源。

运行上述程序得到的结果如下所示。

```
number: 20210101    name：狗哥哥    sex：男
number: 20210102    name：猫爷      sex：男
number: 20210103    name：艾希      sex：女
number: 20210104    name：亚索      sex：男
number: 20210105    name：莫甘娜    sex：女
number: 20210106    name：赵信      sex：男
```

19.3 执行更新和删除语句

Statement 的 executeQuery 方法是用来执行查询语句的，如果我们想执行 UPDATE、DELETE 语句的话，就得使用 executeUpdate 方法了。

```java
import java.sql.*;

public class JdbcUpdateDemo {

    public static final String URL = "jdbc:mysql://localhost?user=root&password=123456";

    public static final String DRIVER_CLASS_NAME = "com.mysql.cj.jdbc.Driver";

    public static void main(String[] args) throws Exception {

        //1. 注册驱动类
        Class.forName(JdbcUpdateDemo.DRIVER_CLASS_NAME);

        // 2．获取连接
        Connection conn = DriverManager.getConnection(JdbcUpdateDemo.URL);

        // 3．生成Statement对象
        Statement statement = conn.createStatement();

        //4．执行语句
        statement.executeUpdate("UPDATE xiaohaizi.student_info SET name = '狗哥' WHERE number =
20210101");
        statement.executeUpdate("DELETE FROM xiaohaizi.student_info WHERE number = 20210106");

        //5．关闭连接，释放资源
        statement.close();
        conn.close();
    }
}
```

在上述代码中我们更新了一条记录，并删除了一条记录。执行上述代码之后看一下效果：

```
mysql> SELECT number, name, sex FROM student_info;
+----------+--------+------+
| number   | name   | sex  |
+----------+--------+------+
| 20210101 | 狗哥   | 男   |
| 20210102 | 猫爷   | 男   |
| 20210103 | 艾希   | 女   |
| 20210104 | 亚索   | 男   |
| 20210105 | 莫甘娜 | 女   |
+----------+--------+------+
5 rows in set (0.00 sec)
```

可以看到，number 值为 20210101 的记录的 name 列被更新为 '狗哥'，而 number 值
为 20210106 的记录被删除了。

19.4 使用 PreparedStatement

在编写应用程序时，往往需要在接收到用户输入的参数后，才可以拼装起要发送给
MySQL 服务器的语句，这可能会引发 SQL 注入的风险。我们看下面这个代码片段：

```
void updateByNumber(String name) {
    //...省略若干模板代码
    String sql = "DELETE FROM xiaohaizi.student_info WHERE name = '" + name + "'";
    Statement statement = conn.createStatement();
    statement.executeUpdate(sql);
}
```

假设用户给应用程序输入的 name 值为"狗哥"，那么应用程序发送给 MySQL 服务器的语句就是：

```
DELETE FROM xiaohaizi.student_info WHERE name = '狗哥';
```

但是，如果用户输入的 number 值为"狗哥' OR '1' = '1"，那么应用程序发送给 MySQL 服务器的语句就是：

```
DELETE FROM xiaohaizi.student_info WHERE name = '狗哥' OR '1' = '1';
```

哎呀呀！由于 '1' = '1' 条件永远成立，所以语句中的 WHERE 条件也永远成立。如果执行该语句，就会将 stduent_info 表中的所有记录全部删除！这种将用户输入直接拼接到 SQL 语句中的情况就被称为 SQL 注入。为了避免 SQL 注入的发生，我们应当使用 PreparedStatement 来代替 Stetement。

```
void updateByNumber(String name) {
    //... 此处省略若干模板代码
    String sql = "DELETE FROM xiaohaizi.student_info WHERE name = ?";
    PreparedStatement preparedStatement = conn.prepareStatement(sql);
    preparedStatement.setString(1, "狗哥");
    preparedStatement.executeUpdate();
    //... 此处省略若干模板代码
}
```

从上述代码中可以看到，我们在 SQL 语句中使用了问号（?）来替代用户输入的参数，之后再调用 PreparedStatement 对象的 setString 方法将语句中的问号替换为一个字符串。setString 方法接收 2 个参数，第一个参数的含义是替换语句中第几个问号（第一个问号用 1 替换，第二个问号用 2 替换；依此类推）；第二个参数表示替换的内容。setString 用来将问号替换为一个字符串。除了 setString 方法，还可以使用 setInt 方法来替换整数，使用 setDouble 来替换双精度浮点数，以及使用 setDate 来替换日期等。还有好多类似的 set 方法，这里就不展开唠叨了。这些 set 方法的使用方式都是一样的，即第一个参数指明待替换语句中的第几个问号，第二个参数是实际要替换的内容。使用 PreparedStatement 可以有效避免 SQL 注入的发生。